应用型本科信息大类专业"十二五"规划教材

EDA 技术

主　审	刘金琪	丛　昕	
主　编	崔　莉		
副主编	姜　滨	周跃佳	马文龙
	覃　琴	苏　明	柴西林
	高迎霞		

U0364095

华中科技大学出版社
中国·武汉

内 容 简 介

EDA 技术是一门发展快、应用广、实践性强且与现代生活有着广泛联系的重要技术基础课程,在高校电气信息、通信类各专业都具有重要的地位和作用,也是其他理工专业必修的课程之一。本书将现代电子系统设计中涉及的 EDA 技术,从数字系统设计的基本原理到工具软件的具体使用进行了系统的概述,以满足相关专业的学习要求,主要内容包括 EDA 技术概述、电路设计与仿真软件 Multisim 9、Multisim 9 的基本分析和应用、可编程逻辑器件、VHDL 硬件描述语言、EDA 的开发工具 MAX＋plusⅡ、印刷电路板设计软件 Protel 99 SE、Proteus 电路设计与仿真等。

为了方便教学,本书还配有电子课件等教学资源包,相关教师和学生可以登录"我们爱读书"网(www.ibook4us.com)免费注册下载,或者发邮件至 hustpeiit@163.com 免费索取。

本书可作为高等院校电子信息类、自动化类、电气类、光电类及计算机类相关专业的教材和教学参考书,也可作为工程技术人员参考资料和感兴趣的读者的自学读物。

图书在版编目(CIP)数据

EDA 技术/崔莉主编. —武汉:华中科技大学出版社,2014.12
应用型本科信息大类专业"十二五"规划教材
ISBN 978-7-5680-0552-4

Ⅰ.①E…　Ⅱ.①崔…　Ⅲ.①电子电路-电路设计-计算机辅助设计-高等学校-教材　Ⅳ.①TN702

中国版本图书馆 CIP 数据核字(2014)第 284833 号

EDA 技术　　　　　　　　　　　　　　　　　　　　　　　　崔　莉　主编

策划编辑:康　序
责任编辑:张　琼
封面设计:李　嫚
责任校对:李　琴
责任监印:张正林
出版发行:华中科技大学出版社(中国·武汉)
　　　　　武昌喻家山　　邮编:430074　　电话:(027)81321915
录　排:武汉正风天下文化发展有限公司
印　刷:武汉鑫昶文化有限公司
开　本:787mm×1092mm　1/16
印　张:14
字　数:382 千字
版　次:2015 年 3 月第 1 版第 1 次印刷
定　价:35.00 元

只有无知，没有不满。

Only ignorant, no resentment.

...............迈克尔·法拉第(Michael Faraday)

迈克尔·法拉第（1791—1867）：英国著名物理学家、化学家，在电磁学、
化学、电化学等领域都做出过杰出贡献。

应用型本科信息大类专业"十二五"规划教材

编审委员会名单

（按姓氏笔画排列）

卜繁岭	于惠力	方连众	王书达	王伯平	王宏远
王俊岭	王海文	王爱平	王艳秋	云彩霞	尼亚孜别克
厉树忠	卢益民	刘仁芬	朱秋萍	刘 锐	刘黎明
李见为	李长俊	张义方	张怀宁	张绪红	陈传德
陈朝大	杨玉蓓	杨旭方	杨有安	周永恒	周洪玉
姜 峰	孟德普	赵振华	骆耀祖	容太平	郭学俊
顾利民	莫德举	谈新权	富 刚	傅妍芳	雷升印
路兆梅	熊年禄	霍泰山	魏学业	鞠剑平	

前言 PREFACE

随着电子和计算机技术的迅速发展,各类电子产品的智能化日益完善,电路的集成度越来越高,产品的更新换代周期越来越短,其主要原因就是电子设计自动化(EDA)技术的应用。因为 EDA 技术不仅是电子产品开发研制的动力源和加速器,而且也是现代电子产品设计的核心。

EDA 技术是一门发展快、应用广、实践性强且与现代生活广泛联系的重要基础课程,在高校电气信息、通信类各专业都具有重要的地位和作用,也是其他理工专业必修的课程之一。

EDA 技术包括电子工程师进行电子系统开发的全过程,涉及电子电路设计的各个领域。本书将现代电子系统设计中涉及的 EDA 技术,从数字系统设计的基本原理到工具软件的具体使用进行了系统的概述,以满足相关专业学生的学习要求,并能在此基础上进行模拟、数字以及含 MCU 电路的仿真分析,数字系统设计,印刷电路板设计及 FPGA、ASIC 开发设计的转化。在编写过程中,我们从应用的角度引导读者学习、掌握 EDA 相关工具软件的使用,所选例题具有一定的代表性和实用性。本书既有详细的设计方法和上机步骤,又有大量的设计实例,学生完全可以按照书中所介绍的方法或步骤自学、上机。

本书为 EDA 设计的入门教材,可供应用型本科院校机电工程、电类和信息类各专业的本科生使用。鉴于本书的实用性和应用性突出,还可以作为高职高专院校 EDA 教材,也可供相关工程技术人员参考。

本书由哈尔滨剑桥学院崔莉任主编,由哈尔滨剑桥学院姜滨、周跃佳、马文龙,桂林电子科技大学信息科技学院覃琴,燕山大学里仁学院苏明,西北师范大学知行学院柴西林,石家庄铁道大学四方学院高迎霞任副主编。第 1、2、3 章由崔莉编写,第 4 章由姜滨编写,第 5 章由柴西林编写,第 6 章由苏明编写,第 7 章由覃琴编写,第 8 章由周跃佳编写。马文龙、高迎霞也参与部分内容的整理和编写工作。全书由崔莉负责统稿。

在本书的编写过程中,刘金琪教授和丛昕副教授对书稿的内容、写作手法、章节安排等都给予了专业、详尽的指导,并提出了许多宝贵的修改意见,为提高本书质量起到至关重要的作用,在此表示衷心的感谢。

为了方便教学,本书还配有电子课件等教学资源包,相关教师和学生可以登录"我们爱读书"网(www.ibook4us.com)免费注册下载,或者发邮件至 hustpeiit@163.com 免费索取。

由于编者学识和水平有限,编写时间有些仓促,书中难免存在错误和不妥之处,恳请广大读者批评指正。

编　者
2014 年 10 月

目录

第 1 章　EDA 技术概述

随着集成电路与计算机的迅速发展,以电子计算机辅助设计为基础的 EDA 技术已经深入人类生活的各个领域,成为电子学领域的一个重要学科,并已形成一个独立的产业部分。EDA 的兴起与迅猛发展,提高了科研能力,并进一步促进了集成电路和电子系统的发展。

 ## 1.1　EDA 技术的概念和发展历程

电子设计自动化,即 electronic design automation,简称 EDA。所谓 EDA 技术,就是以大规模可编程逻辑器件为设计载体,以硬件描述语言为系统逻辑描述的主要表达方式,以计算机为设计环境,利用软件开发工具自动完成设计系统的编译、化简、综合、仿真、布局布线、优化,甚至完成对特定芯片的适配、映射、编程下载,最终将设计系统集成到特定的芯片中,完成专用集成电路芯片的设计。

从 20 世纪 70 年代开始,人们不断开发出各种计算机辅助设计工具来帮助设计人员进行集成电路和电子系统的设计。集成电路的不断发展对 EDA 技术提出新的要求,并促进了 EDA 技术的发展。EDA 技术大致经历了以下三个发展阶段。

1. 计算机辅助设计 CAD 阶段

20 世纪 70 年代,是 EDA 技术发展初期。由于设计师对图形符号使用数量有限,传统的手工布图方法无法满足产品复杂性的要求,更不能满足工作效率的要求,这时,人们开始将产品设计过程中高度重复性的繁杂劳动,如布图布线工作,用二维图形编辑与分析的 CAD 工具替代,最具代表性的产品就是美国 ACCEL 公司开发的 Tango 布线软件。

2. 计算机辅助工程设计 CAE 阶段

伴随计算机和集成电路的发展,EDA 技术进入计算机辅助工程设计(CAE)阶段。20 世纪 80 年代初,推出的 EDA 工具以逻辑模拟、定时分析、故障仿真、自动布局布线为核心,重点解决电路设计没有完成之前的功能检测等问题。利用这些工具,设计师能在产品制作之前预知产品的功能与性能,能生成产品制造文件,在设计阶段对产品性能的分析前进了一大步。

3. 电子设计自动化 EDA 阶段

为了满足千差万别的系统用户提出的设计要求,最好的办法是由用户自己设计芯片,让他们把想设计的电路直接设计在自己的专用芯片上。微电子厂家为用户提供各种规模的可编程逻辑器件,使设计者通过设计芯片实现电子系统功能。

20 世纪 90 年代,可编程逻辑器件迅速发展,出现功能强大的全线 EDA 工具。具有较强抽象描述能力的硬件描述语言 VHDL、Verilog HDL 及高性能综合工具的使用,使过去单功能电子产品开发转向系统级电子产品开发,即 SOC(system on a chip)单片系统或片上系统集成。

 ## 1.2　EDA 技术的主要内容

EDA 技术涉及面广,内容丰富,从教学和实用的角度看,应掌握五个方面的内容:①大规模可编程逻辑器件;②硬件描述语言;③软件开发工具;④实验开发系统;⑤印制电路板设计。

其中:大规模可编程逻辑器件是利用 EDA 技术进行电子系统设计的载体;硬件描述语言是利用 EDA 技术进行电子系统设计的主要表达手段;软件开发工具是利用 EDA 技术进行电子系统设计的智能化的自动化设计工具;实验开发系统则是利用 EDA 技术进行电子系统设计的下载工具及硬件验证工具;利用 PCB 软件不仅能打印一份精美的原理图,而且能自动生成网络表文件,可支持印制电路的自动布线及电路仿真模拟。

为了使读者对 EDA 技术有一个总体印象,下面对 EDA 技术的主要内容进行简要的介绍。

1. 大规模可编程逻辑器件

可编程逻辑器件(programmable logic device,PLD)是一种由用户编程以实现某种逻辑功能的新型逻辑器件。FPGA (field programmable gate array) 和 CPLD (complex programmable logic device)分别是现场可编程门阵列和复杂可编程逻辑器件的简称。现在,FPGA 和 CPLD 的应用已十分广泛,它们将随着 EDA 技术的发展而成为电子设计领域的重要器件。国际上生产 FPGA 和 CPLD 的主流公司,并且在国内占有市场份额较大的主要是 Xilinx、Altera 和 Lattice 三家公司。

FPGA 在结构上主要包括三个部分,即可编程逻辑单元、可编程输入/输出单元和可编程连线。CPLD 在结构上也包括三个部分,即可编程逻辑宏单元、可编程输入/输出单元和可编程内部连线。

高集成度、高速度和高可靠性是 FPGA、CPLD 最明显的特点,其时钟延时可小至纳秒级,结合其并行工作方式,在超高速应用领域和实时测控方面有着非常广阔的应用前景。在高可靠应用领域,如果设计得当,将不会存在类似于 MCU(微控制单元)的复位不可靠和 PC 可能跑飞等问题。FPGA、CPLD 的高可靠性还表现在几乎可将整个系统下载于同一芯片中,实现所谓片上系统,从而大大缩小了体积,易于管理和屏蔽。

由于 FPGA、CPLD 的集成规模非常大,可利用先进的 EDA 工具进行电子系统设计和产品开发。开发工具的通用性、设计语言的标准化,使设计开发软件有很好的兼容性和可移植性。它几乎可用于任何型号和规模的 FPGA、CPLD 中,从而使得产品设计效率大幅度提高,可以在很短的时间内完成十分复杂的系统设计,这正是产品快速进入市场最宝贵的特征。

与专用型集成电路(application specific integrated circuits,ASIC)设计相比,FPGA、CPLD 显著的优势是开发周期短、投资风险小、产品上市速度快、市场适应能力强和硬件升级回旋余地大,而且在产品定型和产量扩大后,可将在生产中达到充分检验的 VHDL 设计迅速实现 ASIC 投产。

对于一个开发项目,究竟是选择 FPGA 还是选择 CPLD,主要看开发项目本身的需要。对于普通规模且产量不是很大的产品项目,通常使用 CPLD 比较好。对于大规模的逻辑设计,如 ASIC 设计或单片系统设计,则多采用 FPGA。另外,FPGA 掉电后将丢失原有的逻辑信息,所以在实用中需要为 FPGA 芯片配置一个专用 ROM。

2. 硬件描述语言

常用的硬件描述语言(hardware describe language,HDL)有 VHDL、Verilog、ABEL。

(1) VHDL:作为 IEEE 的工业标准硬件描述语言,在电子工程领域,已成为事实上的通用硬件描述语言。

(2) Verilog：支持的 EDA 工具较多，适用于 RTL(register transfer level)和门电路级的描述，其综合过程较 VHDL 稍简单，但其在高级描述方面不如 VHDL。

(3) ABEL：一种支持各种不同输入方式的 HDL，被广泛用于各种可编程逻辑器件的逻辑功能设计。它因为语言描述具有独立性，适用于各种不同规模的可编程逻辑器件的设计。

比较三者，有专家认为在 21 世纪，VHDL 与 Verilog 语言将承担几乎全部的数字系统设计任务。

3．软件开发工具

随着计算机在国内的逐渐普及，EDA 软件在电子行业的应用越来越广泛，EDA 工具层出不穷，这里主要介绍电路设计与仿真软件和 PLD 设计软件。

1) 电路设计与仿真软件

电路设计与仿真软件包括 SPICE、EWB、Proteus。

(1) SPICE 是由美国加州大学推出的电路分析仿真软件，是 20 世纪 80 年代世界上应用最广的电路设计软件，1998 年被定为美国国家标准。它可以进行各种各样的电路仿真、激励建立、温度与噪声分析、模拟控制、波形输出、数据输出，并在同一窗口内同时显示模拟与数字的仿真结果，并可以自行建立元器件及元器件库。

(2) EWB 软件，是 Interactive Image Technologies Ltd. (IIT)在 20 世纪 90 年代初推出的电路仿真软件。目前，EWB 由 Multisim、Ultiboard、Ultiroute 和 Commsim 四个软件模块组成，能完成从电路的仿真设计到 PCB 版图生成的全过程。同时，这四个软件模块又是独立的，可以分别使用。其中最具特色的仍然是电路设计与仿真软件 Multisim，本书介绍 Multisim 9 的仿真和应用。

(3) Proteus(海神)软件，是英国 Labcenter Electronics 公司开发的 EDA 工具软件。Proteus 软件组合了高级原理布图、混合模式 SPICE 仿真、PCB 设计以及自动布线来实现一个完整的电子设计系统。Proteus 软件既可以仿真模拟电路，又可以仿真数字电路以及数字、模拟混合电路，最大的特色在于能够仿真基于微控制器的系统。

2) PLD 设计软件

目前比较流行的、主流厂家的软件工具有 Altera 的 MAX＋plus Ⅱ、Lattice 的 ispEXPERT、Xilinx 的 Foundation Series。

(1) MAX＋plus Ⅱ，支持原理图、VHDL 和 Verilog 语言文本文件，以及以波形与 EDIF 等格式的文件作为设计输入，并支持这些文件的任意混合设计。它具有门级仿真器，可以进行功能仿真和时序仿真，能够产生精确的仿真结果。其界面友好，使用便捷，被誉为业界最易学易用的 EDA 软件，并支持主流的第三方 EDA 工具，支持除 APEX20K 系列之外的所有 Altera 公司的 FPGA、CPLD 大规模可编程逻辑器件。

(2) ispEXPERT，是 ispEXPERT 的主要集成环境。通过它可以进行 VHDL、Verilog 及 ABEL 语言的设计输入、综合、适配、仿真和在系统下载。ispEXPERT System 是目前流行的 EDA 软件中较容易掌握的设计工具，其界面友好，操作方便，功能强大，并与第三方 EDA 工具兼容良好。

(3) Foundation Series，是 Xilinx 公司最新集成开发的 EDA 工具。它采用自动化的、完整的集成设计环境。Foundation 项目管理器集成了 Xilinx 实现工具，并包含了强大的 Synopsys FPGA Express 综合系统，是业界较强大的 EDA 设计工具。

4．实验开发系统

实验开发系统提供芯片下载电路及 EDA 实验/开发的外围资源(类似于用于单片机开

发的仿真器），供硬件验证用。实验开发系统一般包括如下内容：

（1）实验或开发所需的各类基本信号发生模块，包括时钟、脉冲、高低电平等；

（2）FPGA、CPLD 输出信息显示模块，包括数码显示、发光管显示、声响指示等；

（3）监控程序模块，提供"电路重构软配置"；

（4）目标芯片适配座以及上面的 FPGA、CPLD 目标芯片和编程下载电路。

5．印制电路板设计

印制电路板设计是电子设计的一个重要部分，也是电子设备的重要组装部件。它的两个基本作用是进行机械固定和完成电气连接。

早期的印制电路板设计均由人工完成，一般由电路设计人员提供草图，由专业绘图员绘制黑白相图，再进行后期制作。人工设计是一件十分费时、费力且容易出差错的工作。

随着计算机技术的飞速发展，新型器件和集成电路的应用越来越广泛，电路也越来越复杂，越来越精密，使得原来可用手工完成的操作越来越多地依赖于计算机完成。因此，计算机辅助设计成为设计制作电路板的必然趋势。计算机辅助设计印制电路板大致分原理图设计和印制电路板设计两个阶段进行。

1.3 传统设计方法和 EDA 方法的区别

传统设计方法是自下而上的设计方法，如图 1-1 所示。该方法是以固定功能元件为基础，基于电路板的设计方法，主要设计文件是电路原理图。

图 1-1 自下而上的设计方法

由于门级芯片的设计和生产积累起门级的单元库，此后在门级单元库的基础上又建立起宏单元库（如加法器、译码器、选择器和计数器等）。这种从小模块逐级构造大模块一直到整个系统的方法，称为自下而上的设计方法。

传统设计方法首先进行的是底层设计，因此缺乏对整个系统总体性能的把握。系统规模越大，复杂度越高，其缺点越突出：

（1）设计依赖于设计师的经验，且手工完成；

（2）设计依赖于现有的通用元器件；

（3）在设计后期仿真和调试；

（4）自下而上设计思想的局限；

（5）设计实现周期长，灵活性差，耗时耗力，效率低下。

现代电子电路设计采用 EDA 方法，该方法是自上而下（top-down）的设计方法，如图1-2所示。

自上而下是指将数字系统的整体逐步分解为各个子系统和模块，若子系统规模较大，则还需将子系统进一步分解为更小的子系统和模块，层层分解，直至整个系统中各个子系统关系合理，并便于逻辑电路级的设计和实现为止。自上而下设计中可逐层描述，逐层仿真，保证满足系统指标，具体优点如下。

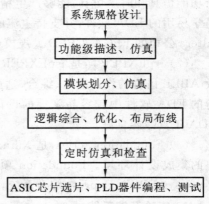

图 1-2 自上而下的设计方法

4

(1) 采用自上而下的设计方法。

(2) 采用系统早期仿真。

(3) 有多种设计描述方式。

(4) 高度集成化的 EDA 开发系统。

(5) PLD 在系统(在线)编程(ISP)能力。

(6) 可实现 SOC,减小产品体积、质量,降低综合成本。

(7) 提高产品的可靠性。

(8) 提高产品的保密程度和竞争能力。

(9) 降低电子产品的功耗。

(10) 提高电子产品的工作速度。

传统设计方法与 EDA 方法的比较如表 1-1 所示。

表 1-1　传统设计方法与 EDA 方法的比较

类　　别	传统设计方法	EDA 方法
设计对象	电路板	芯片
描述方式	电路原理图	硬件描述语言
设计方法	自下而上	自上而下
采用器件	通用型器件	PLD
仿真时期	系统硬件设计后期	系统硬件设计早期

EDA 技术极大地降低了硬件电路设计难度,提高了设计效率,是电子系统设计的质的飞跃。

 ## *1.4* EDA 技术的发展趋势

随着市场需求的增加,以及集成电路工艺水平和计算机自动设计技术的不断提高,EDA 技术迅猛发展,这一发展趋势表现在如下几个方面。

1. 器件方面

1) 规模大

超大规模集成电路的集成度和工艺水平不断提高,在一个芯片上完成系统级集成已成为可能。

2) 功耗低

对于某些便携式产品,通常要求功耗低。目前静态功耗已达 20 μA,有人称之为零功耗器件。

3) 模拟可编程

各种应用 EDA 工具设计、ISP 编程方式下载的模拟可编程及模数混合可编程器件不断出现。

2. 工具软件方面

为了适用更大规模的 FPGA 的开发,高性能的 EDA 工具得到迅速的发展,其自动化和智能化程度不断提高,为嵌入式系统设计提供了功能强大的开发环境。

3. 应用方面

EDA 在教学、科研、产品设计与制造等多方面都发挥着巨大的作用。

在教学方面,几乎所有理工科(特别是电子信息)类的高校都开设了 EDA 课程。开设 EDA 课程的目的是让学生了解 EDA 的基本概念和基本原理,掌握 VHDL 语言编写规范,掌握逻辑综合的理论和算法及使用 EDA 工具进行电子电路的实验,并从事简单系统的设计。学习电路仿真工具 Multisim 和 PLD 开发工具 MAX＋plusⅡ,为今后的工作打下基础。

在科研方面,主要利用电路仿真工具 Multisim 进行电路设计与仿真,利用虚拟仪器进行产品测试,将 CPLD、FPGA 器件实际应用到仪器设备中,从事 PCB 设计和 ASIC 设计等。

在产品设计与制造方面,包括前期的计算机仿真、产品开发中的 EDA 应用工具、系统级模拟及测试环境的仿真、生产流水线的 EDA 技术应用、产品测试等各个环节。如 PCB 的制作、电子设备的研制与生产、电路板的焊接、ASIC 的流片过程等。

从应用领域来看,EDA 技术已经渗透到各行各业,如机械、电子、通信、航空航天、化工、矿产、生物、医学、军事等各个领域,都有 EDA 技术的应用。另外,EDA 软件的功能日益强大,原来功能比较单一的软件,现在增加了很多新功能。如 AutoCAD 软件可用于机械及建筑设计,还扩展到建筑装潢及各类效果图、汽车和飞机、电影特技等模型。

4. 目前国内外状况

从目前的 EDA 技术来看,其发展趋势是政府重视、使用普遍、应用广泛、工具多样、软件功能强大。

中国的 EDA 市场已渐趋成熟,不过大部分设计工程师面对的是 PC 主板和小型 ASIC 领域,仅有小部分(约 11%)的设计人员开发复杂的片上系统器件。为了与美国等地的设计工程师形成更有力的竞争,中国的设计软件有必要购入一些最新的 EDA 技术。

在 EDA 软件开发方面,目前主要集中在美国,但各国也在努力开发相应的工具。日本、韩国都有 ASIC 设计工具,但不对外开放。据最新的统计显示,中国和印度正成为电子设计自动化领域中发展最快的两个市场,年复合增长率分别达到了 50% 和 30%。

EDA 技术发展迅猛,完全可以用日新月异来描述。EDA 技术应用广泛,现在已涉及各行各业。EDA 水平不断提高,设计工具趋于完美。EDA 市场日趋成熟,但我国的研发水平还很有限,需迎头赶上。

未来的 EDA 技术将向广度和深度两个方向发展,EDA 将会超越电子设计的范畴进入其他领域,随着基于 EDA 的 SOC 设计技术的发展、软硬核功能库的建立,以及 VHDL 设计理念的确立,未来的电子系统的设计与规划将不再是电子工程师的专利。有专家认为,21世纪将是 EDA 技术快速发展的时期,并且 EDA 技术将是对 21 世纪产生重大影响的十大技术之一。

习 题

1. 什么是 EDA 技术?
2. 简述 EDA 技术发展的历程。
3. 简述 EDA 技术的知识体系。
4. 列举你所知道的 EDA 技术的工具。
5. 简述传统设计方法和 EDA 方法的区别。
6. 简述 EDA 技术的发展趋势。

第2章 电路设计与仿真软件 Multisim 9

Multisim 是一款使用方便、操作直观的电路设计与仿真软件,采用图形方式创建电路,还提供了多种虚拟仪器。使用虚拟仪器对电子电路进行仿真如同置身于实验室使用真实仪器调试电路一样,既解决了购置高档仪器和大量元器件之难,又避免了仪器损坏等不利因素。Multisim 可对模拟电路、数字电路和高频电路进行分析和仿真,几乎可以应用于电类专业的所有学科。

2.1 Multisim 概述

Multisim 的前身是加拿大 IIT 公司于 1988 年推出的电路设计与仿真软件 EWB。EWB 以其界面直观、操作方便、分析功能强大和易学易用等特点,在电路设计和高校电类教学领域得到了广泛的应用。之后,为了拓宽 EWB 的印刷电路板 PCB 功能,IIT 公司推出了 PCB 设计软件模块 EWB Layout,可使 EWB 的电路图文件方便地转换为 PCB。

为了满足新的电子电路的仿真与设计要求,IIT 公司从 EWB 6.0 版本开始,将专用于电路级仿真的模块更名为 Multisim,在保留了 EWB 形象直观等优点的基础上,大大增强了软件的仿真测试和分析功能。同时,将 PCB 设计软件模块更名为 Ultiboard,为了加强 Ultiboard 的布线能力,还开发了一个 Ultiroute 布线引擎。随后,IIT 公司又推出了一个专门用于通信电路的分析与设计模块 Commsim。

Multisim、Ultiboard、Ultiroute 和 Commsim 是 EWB 的基本组成部分,这些软件能完成从电路的设计仿真到 PCB 版图生成的全过程。同时,它们彼此相互独立,可以分别使用。其中,最具特色的仍然是电路设计与仿真软件 Multisim。2001 年,Multisim 升级为 Multisim 2001。2003 年,推出 Multisim 2001 的升级版本 Multisim 7。2005 年,对 Multisim 7 进行了全面优化与升级,推出了 Multisim 8,同年 12 月,对 Multisim 8 的功能进行了扩展与升级,推出了 Multisim 9。

2.2 Multisim 9 的工作界面

Multisim 9 的工作界面主要包括菜单栏、工具栏、元器件库工具栏、虚拟仪器工具栏、仿真电路工作区等,如图 2-1 所示。

2.2.1 菜单栏

与所有的 Windows 应用软件类似,菜单栏提供了 Multisim 9 的几乎所有的操作功能命令。Multisim 9 菜单栏包含 11 个主菜单,即 File(菜单中的 New 命令用来创建仿真电路)、Edit、View、Place、Simulate、Transfer、Tools、Reports、Options、Window 和 Help 菜单。在每个主菜单下都有一个下拉菜单,可以从中找到各项操作功能的命令,如图 2-2 至图 2-12 所示。

菜单栏 标准工具栏 设计工具箱 元器件库工具栏 视图工具栏 仿真按钮

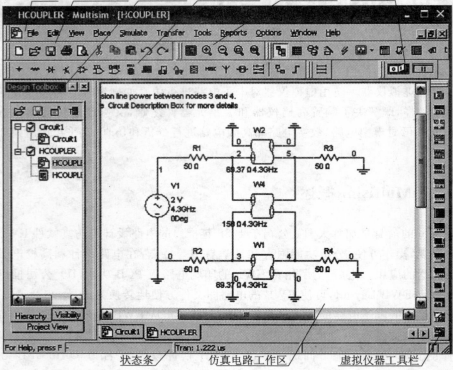

状态条 仿真电路工作区 虚拟仪器工具栏

图 2-1   Multisim 9 的工作界面

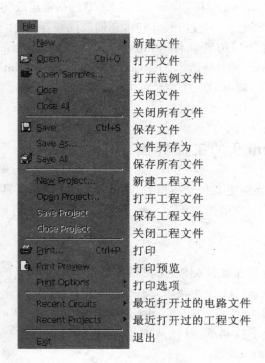

图 2-2   File 菜单

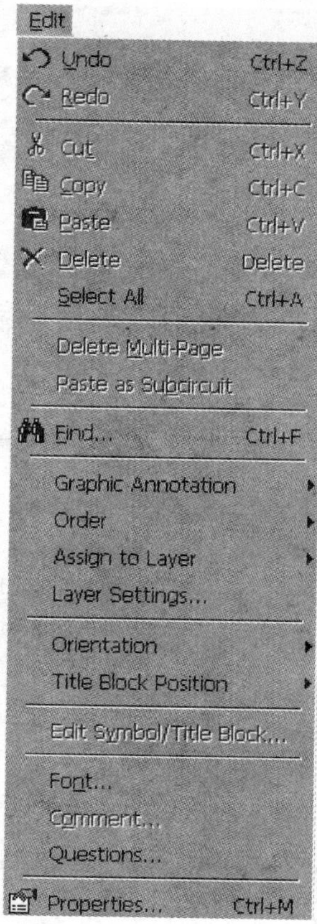

Edit 菜单

Undo	Ctrl+Z	撤销
Redo	Ctrl+Y	恢复
Cut	Ctrl+X	剪切
Copy	Ctrl+C	复制
Paste	Ctrl+V	粘贴
Delete	Delete	删除
Select All	Ctrl+A	全选
Delete Multi-Page		删除多页
Paste as Subcircuit		粘贴为子电路
Find...	Ctrl+F	查找
Graphic Annotation	▶	图形设置
Order	▶	图形层次
Assign to Layer		转换到图层
Layer Settings...		图层设置
Orientation	▶	元器件放置方向
Title Block Position	▶	标题栏位置
Edit Symbol/Title Block...		编辑符号/标题栏
Font...		字体
Comment...		注释
Questions...		疑问
Properties...	Ctrl+M	属性

图 2-3 Edit 菜单

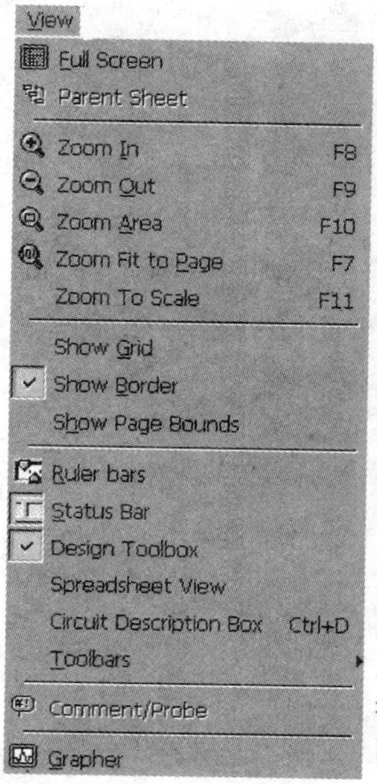

View 菜单

Full Screen		全屏显示
Parent Sheet		返回上一级工作区
Zoom In	F8	放大
Zoom Out	F9	缩小
Zoom Area	F10	区域放大
Zoom Fit to Page	F7	显示整个页面
Zoom To Scale	F11	放大到指定比例
Show Grid		显示栅格
Show Border		显示边框
Show Page Bounds		显示页面边界
Ruler bars		显示标尺
Status Bar		显示状态栏
Design Toolbox		显示设计工具箱
Spreadsheet View		显示滚动条
Circuit Description Box	Ctrl+D	显示电路描述框
Toolbars	▶	工具栏
Comment/Probe		注释/探针
Grapher		图形记录仪

图 2-4 View 菜单

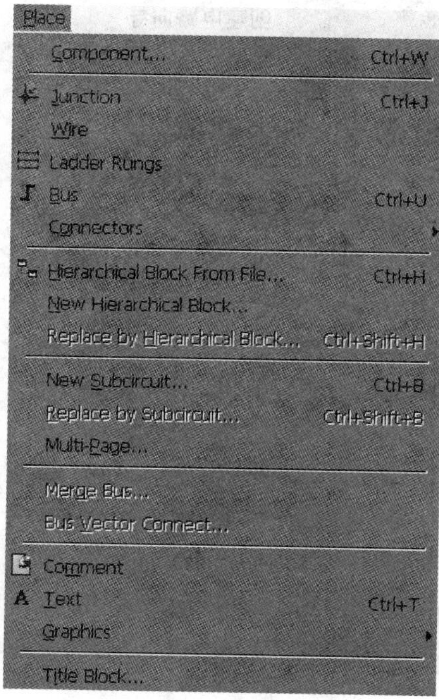

Place 菜单

Component...	Ctrl+W	放置元器件
Junction	Ctrl+J	放置结点
Wire		放置导线
Ladder Rungs		放置梯形图母线
Bus	Ctrl+U	放置总线
Connectors	▶	放置接线端
Hierarchical Block From File...	Ctrl+H	从其他文件创建模块
New Hierarchical Block...		建立新模块
Replace by Hierarchical Block...	Ctrl+Shift+H	模块替换
New Subcircuit...	Ctrl+B	新建子电路
Replace by Subcircuit...	Ctrl+Shift+B	将选中的电路替换为子电路
Multi-Page...		在多个页面绘制电路
Merge Bus...		合并总线
Bus Vector Connect...		总线矢量连接
Comment		放置注释
Text	Ctrl+T	放置文本
Graphics	▶	放置图形
Title Block...		放置标题栏

图 2-5 Place 菜单

Simulate		
Run	F5	运行
Pause	F6	暂停
Instruments	▶	虚拟仪器
Interactive Simulation Settings...		仿真参数设置
Digital Simulation Settings...		数字电路仿真设置
Analyses	▶	仿真分析
Postprocessor...		后处理器
Simulation Error Log/Audit Trail		仿真错误记录
XSpice Command Line Interface...		XSpice命令行接口
Load Simulation Settings...		加载仿真设置
Save Simulation Settings...		保存仿真设置
Auto Fault Option...		自动添加错误
VHDL Simulation...		VHDL仿真
Probe Properties...		探针属性
Reverse Probe Direction		探针方向反向
Clear Instrument Data		清除仪器数据
Global Component Tolerances...		元器件容差

图 2-6　Simulate 菜单

Transfer	
Transfer to Ultiboard...	转换至 Ultiboard
Transfer to other PCB Layout...	转换至其他PCB软件
Forward Annotate to Ultiboard...	原理图更新 Ultiboard
Backannotate from Ultiboard...	Ultiboard 更新原理图
Highlight Selection in Ultiboard	加亮版图选择区
Export Netlist...	输出网表文件

图 2-7　Transfer 菜单

Tools		
Component Wizard...		创建元器件向导
Database	▶	元器件数据库
Circuit Wizards	▶	创建电路向导
Rename/Renumber Components...		元器件重命名/重编号
Replace Component(s)...		替换元器件
Update Circuit Components...		更新电路元器件
Electrical Rules Check...		电路规则检测
Clear ERC Markers		清除ERC标记
Toggle NC Marker		绑定NC标记
Symbol Editor...		符号编辑器
Title Block Editor...		标题栏编辑器
Description Box Editor...		描述框编辑器
Edit Labels...		编辑标签
Capture Screen Area		捕获屏幕区域
Internet Design Sharing		Internet 设计共享
Education Web Page		Education教育网页
Show Breadboard		显示虚拟实验板

图 2-8　Tools 菜单

图 2-9　Reports 菜单

图 2-10　Options 菜单

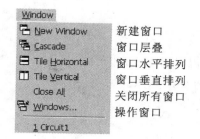

图 2-11　Window 菜单

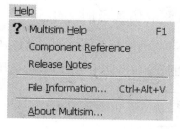

图 2-12　Help 菜单

2.2.2　工具栏

在 Multisim 9 中,通过菜单操作可定制工具栏。充分利用工具栏,可给电路的创建和仿真带来方便。设计工具栏列出了仿真环境中的主要操作选项,包括设计工具箱的打开和关闭、仿真运行和停止、仿真后处理、仿真分析选项以及 Multisim 帮助等,如图 2-13 所示。元器件库工具栏列出了元器件库的分类图标按钮,如图 2-14 所示。虚拟仪器工具栏列出了虚拟仪器的图标按钮,如图 2-15 所示。

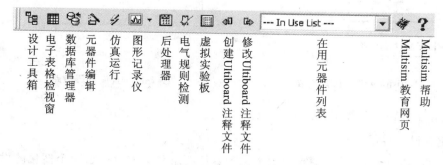

图 2-13　设计工具栏

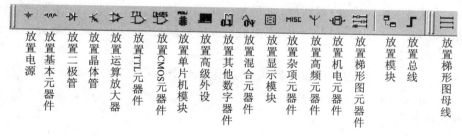

图 2-14　元器件库工具栏

万用表　函数发生器　功率表　示波器　四通道示波器　伯德图仪　数字频率计　数字函数发生器　逻辑分析仪　逻辑转换仪　伏安特性分析仪　失真分析仪　频谱分析仪　网络分析仪　Agilent函数发生器　Agilent数字万用表　Agilent示波器　Tektronix示波器　labVIEW虚拟仪器　测量探针

图 2-15　虚拟仪器工具栏

2.2.3　Multisim 9 的仿真示例

在 Multisim 9 中,创建、仿真和管理电路原理图的流程如图 2-16 所示。

【例 2-1】 测直流分压电路中电阻 R2 的电压,如图 2-17 所示。

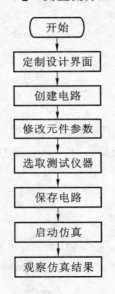

直流分压电路的操作步骤如下。

图 2-16　Multisim 9 电路仿真流程　　**图 2-17　直流分压电路**

1. 定制设计界面

通常在创建电路之前,用户可根据电路的具体要求和个人习惯定制个性化的设计界面。在仿真电路窗口中右击,在弹出的快捷菜单中选择"Properties"命令,弹出"Sheet Properties"(电路工作区属性)对话框,如图 2-18 所示。

选择 Workspace(工作区)选项卡,该选项卡包括 Show、Sheet size 两个组合框及 Save as default 复选框。

按图 2-18 所示设定,表示仿真电路工作区设定为:不显示栅格,不显示页面范围,显示边框,工作区方向为横向,工作区大小为宽 11 英寸(1 英寸＝2.54 厘米)、高 8.5 英寸,并将此作为默认设置。

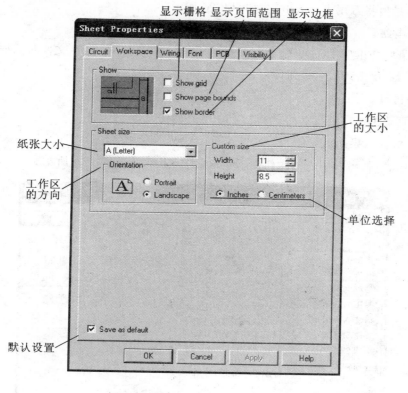

显示栅格　显示页面范围　显示边框

工作区的大小

纸张大小

工作区的方向

单位选择

默认设置

图 2-18　"Sheet Properties"对话框

2. 创建电路

1）放置元器件

在元器件工具栏中，单击元器件库图标按钮，弹出"Select a Component"（选择元器件）对话框，如图 2-19 所示，选择基本元器件库中的虚拟电阻，单击"OK"按钮，将虚拟电阻放置在电路工作区中。依次将所需其他元器件拖入电路窗口中，并将元器件按要求排列。元器件放置情况如图 2-20 所示。

2）连线

在电路工作区，单击元器件的一个端子引出连线，连至其他的元器件端子上，单击，完成连线。连线以后的电路图如图 2-21 所示。

要使设计更合理，可适当移动元器件及连线，如果要使不整齐的线条变直，则可选中相应的连接点或元器件，再利用键盘的上、下、左、右方向键移动连接点或元器件，使连线对齐，也可以用鼠标拖动不整齐线条的弯曲部分，使其对齐。

3. 修改元器件参数

电路创建完成，需要根据电路要求修改某些元器件的参数。以电阻 R2 为例，双击电阻 R2，弹出如图 2-22 所示的对话框，按图 2-22 进行设置，单击"确定"按钮，完成电阻 R2 阻值的修改。依次修改其他元器件参数。修改完元器件参数的电路如图 2-23 所示。

4. 选取测试仪器

根据电路要求，恰当选择仿真用虚拟仪器。本例要求测定 R2 两端的电压值，应当选万用表。在虚拟仪器工具栏中，单击万用表图标，移动鼠标至电路窗口合适的位置，单击放置一个万用表,最后将万用表接入电路,如图 2-23 所示。

5. 保存电路

选择菜单栏"File"→"Save"命令,弹出一个标准的 Windows 保存文件对话框,选择文件夹,给定文件名,单击"保存"按钮即可。

6. 启动仿真

单击仿真开关或按键盘上的 F5 键,启动电路的仿真。

7. 观察仿真结果

双击万用表,弹出万用表的操作面板,可得到仿真结果,如图2-24所示。

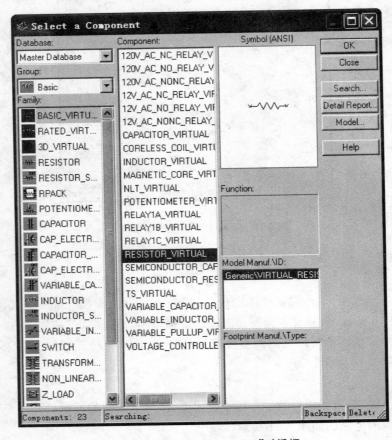

图 2-19 "Select a Component"对话框

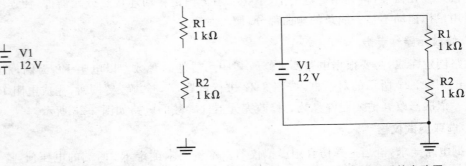

图 2-20 元器件放置图　　　图 2-21 连线以后的电路图

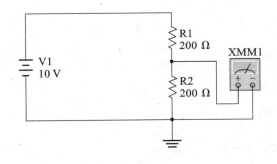

图 2-22 电阻对话框

图 2-23 接入万用表

图 2-24 仿真结果

2.3 元器件库

元器件是创建仿真电路的基础,Multisim 9 的元器件分别存放在不同类别的元器件库中,每个元器件库又分为不同的系列,这种分级存放的体系给用户调用元器件带来很大的方便。

Multisim 9 提供的元器件库包括电源库、基本元器件库、二极管库、晶体管库、运算放大器库、TTL 库、CMOS 元器件库、指示器库、机电元器件库、射频元器件库、PLC 元器件库、单片机元器件库等共 16 类元器件库。这样,用户调用不同元器件库中的元器件,可创建模拟电路、数字电路、模拟数字混合电路、继电逻辑控制电路、高频电路、PLC 控制电路和单片机应用电路。

1. 电源库

电源库按系列分类,如图 2-25 所示。

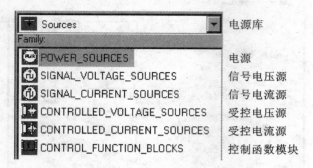

Sources	电源库
POWER_SOURCES	电源
SIGNAL_VOLTAGE_SOURCES	信号电压源
SIGNAL_CURRENT_SOURCES	信号电流源
CONTROLLED_VOLTAGE_SOURCES	受控电压源
CONTROLLED_CURRENT_SOURCES	受控电流源
CONTROL_FUNCTION_BLOCKS	控制函数模块

图 2-25　电源库

2. 基本元器件库

基本元器件库按系列分类,如图 2-26 所示。

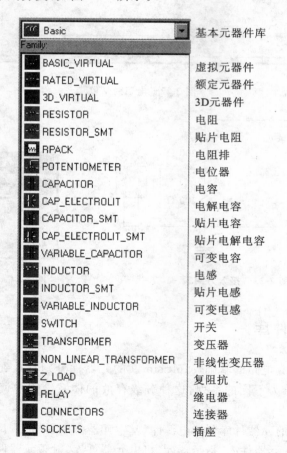

Basic	基本元器件库
BASIC_VIRTUAL	虚拟元器件
RATED_VIRTUAL	额定元器件
3D_VIRTUAL	3D元器件
RESISTOR	电阻
RESISTOR_SMT	贴片电阻
RPACK	电阻排
POTENTIOMETER	电位器
CAPACITOR	电容
CAP_ELECTROLIT	电解电容
CAPACITOR_SMT	贴片电容
CAP_ELECTROLIT_SMT	贴片电解电容
VARIABLE_CAPACITOR	可变电容
INDUCTOR	电感
INDUCTOR_SMT	贴片电感
VARIABLE_INDUCTOR	可变电感
SWITCH	开关
TRANSFORMER	变压器
NON_LINEAR_TRANSFORMER	非线性变压器
Z_LOAD	复阻抗
RELAY	继电器
CONNECTORS	连接器
SOCKETS	插座

图 2-26　基本元器件库

3. 二极管库

二极管库按系列分类,如图 2-27 所示。

Diodes	二极管库
DIODES_VIRTUAL	虚拟二极管
DIODE	二极管
ZENER	齐纳二极管
LED	发光二极管
FWB	整流桥
SCHOTTKY_DIODE	肖特基二极管
SCR	可控硅
DIAC	双向二极管
TRIAC	双向可控硅
VARACTOR	变容二极管
PIN_DIODE	PIN二极管

图 2-27 二极管库

4. 晶体管库

晶体管库按系列分类,如图 2-28 所示。

Transistors	晶体管库
TRANSISTORS_VIRTUAL	虚拟晶体管
BJT_NPN	NPN双极型晶体管
BJT_PNP	PNP双极型晶体管
DARLINGTON_NPN	达林顿NPN复合晶体管
DARLINGTON_PNP	达林顿PNP复合晶体管
DARLINGTON_ARRAY	达林顿晶体管阵列
BJT_NRES	内电阻偏置NPN晶体管
BJT_PRES	内电阻偏置PNP晶体管
BJT_ARRAY	双极型晶体管阵列
IGBT	绝缘栅双极型晶体管
MOS_3TDN	N沟道耗尽型
MOS_3TEN	N沟道增强型
MOS_3TEP	P沟道增强型
JFET_N	N沟道结型场效应管
JFET_P	P沟道结型场效应管
POWER_MOS_N	功率级N沟道MOS管
POWER_MOS_P	功率级P沟道MOS管
POWER_MOS_COMP	功率级MOS对管
UJT	单结晶体管
THERMAL_MODELS	温度模型

图 2-28 晶体管库

5. 运算放大器库

运算放大器库按系列分类,如图 2-29 所示。

6. TTL 库

TTL 库按系列分类,如图 2-30 所示。

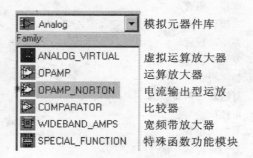 模拟元器件库

虚拟运算放大器
运算放大器
电流输出型运放
比较器
宽频带放大器
特殊函数功能模块

图 2-29 运算放大器库

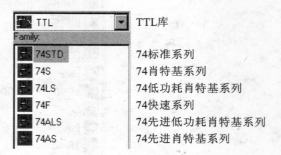 TTL库

74标准系列
74肖特基系列
74低功耗肖特基系列
74快速系列
74先进低功耗肖特基系列
74先进肖特基系列

图 2-30 TTL 库

7. CMOS 元器件库

CMOS 元器件库按系列分类,如图 2-31 所示。

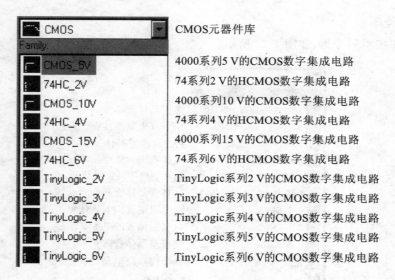 CMOS元器件库

4000系列5 V的CMOS数字集成电路
74系列2 V的HCMOS数字集成电路
4000系列10 V的CMOS数字集成电路
74系列4 V的HCMOS数字集成电路
4000系列15 V的CMOS数字集成电路
74系列6 V的HCMOS数字集成电路
TinyLogic系列2 V的CMOS数字集成电路
TinyLogic系列3 V的CMOS数字集成电路
TinyLogic系列4 V的CMOS数字集成电路
TinyLogic系列5 V的CMOS数字集成电路
TinyLogic系列6 V的CMOS数字集成电路

图 2-31 CMOS 元器件库

8. 单片机元器件库

单片机元器件库按系列分类,如图 2-32 所示。

9. 高级外设模块库

高级外设模块库按系列分类,如图 2-33 所示。

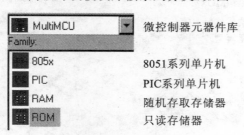 微控制器元器件库

8051系列单片机
PIC系列单片机
随机存取存储器
只读存储器

图 2-32 单片机元器件库

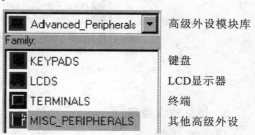 高级外设模块库

键盘
LCD显示器
终端
其他高级外设

图 2-33 高级外设模块库

10. 其他数字器件库

其他数字器件库按系列分类,如图 2-34 所示。

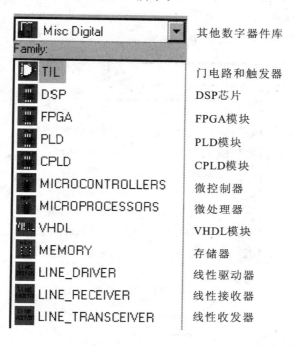

Misc Digital	其他数字器件库
TIL	门电路和触发器
DSP	DSP芯片
FPGA	FPGA模块
PLD	PLD模块
CPLD	CPLD模块
MICROCONTROLLERS	微控制器
MICROPROCESSORS	微处理器
VHDL	VHDL模块
MEMORY	存储器
LINE_DRIVER	线性驱动器
LINE_RECEIVER	线性接收器
LINE_TRANSCEIVER	线性收发器

图 2-34　其他数字器件库

11. 混合元器件库

混合元器件库按系列分类,如图 2-35 所示。

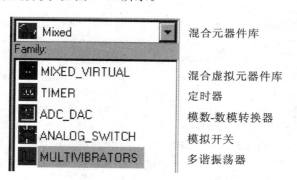

Mixed	混合元器件库
MIXED_VIRTUAL	混合虚拟元器件库
TIMER	定时器
ADC_DAC	模数-数模转换器
ANALOG_SWITCH	模拟开关
MULTIVIBRATORS	多谐振荡器

图 2-35　混合元器件库

19

12. 指示器库

指示器库按系列分类,如图 2-36 所示。

13. 杂项元器件库

杂项元器件库按系列分类,如图 2-37 所示。

14. 射频元器件库

射频元器件库按系列分类,如图 2-38 所示。

15．机电元器件库

机电元器件库按系列分类，如图 2-39 所示。

16．梯形图元器件库

梯形图元器件库按系列分类，如图 2-40 所示。

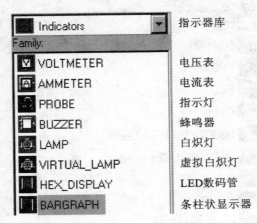

Indicators	指示器库
VOLTMETER	电压表
AMMETER	电流表
PROBE	指示灯
BUZZER	蜂鸣器
LAMP	白炽灯
VIRTUAL_LAMP	虚拟白炽灯
HEX_DISPLAY	LED数码管
BARGRAPH	条柱状显示器

图 2-36　指示器库

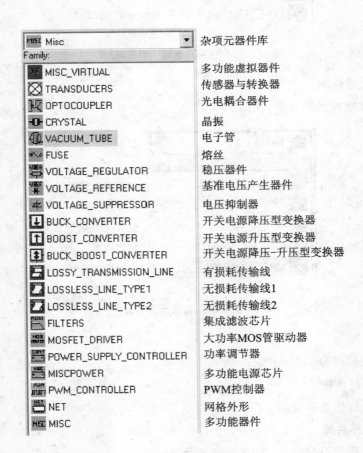

Misc	杂项元器件库
MISC_VIRTUAL	多功能虚拟器件
TRANSDUCERS	传感器与转换器
OPTOCOUPLER	光电耦合器件
CRYSTAL	晶振
VACUUM_TUBE	电子管
FUSE	熔丝
VOLTAGE_REGULATOR	稳压器件
VOLTAGE_REFERENCE	基准电压产生器件
VOLTAGE_SUPPRESSOR	电压抑制器
BUCK_CONVERTER	开关电源降压型变换器
BOOST_CONVERTER	开关电源升压型变换器
BUCK_BOOST_CONVERTER	开关电源降压-升压型变换器
LOSSY_TRANSMISSION_LINE	有损耗传输线
LOSSLESS_LINE_TYPE1	无损耗传输线1
LOSSLESS_LINE_TYPE2	无损耗传输线2
FILTERS	集成滤波芯片
MOSFET_DRIVER	大功率MOS管驱动器
POWER_SUPPLY_CONTROLLER	功率调节器
MISCPOWER	多功能电源芯片
PWM_CONTROLLER	PWM控制器
NET	网格外形
MISC	多功能器件

图 2-37　杂项元器件库

射频元器件库

RF_CAPACITOR	射频电容
RF_INDUCTOR	射频电感
RF_BJT_NPN	NPN射频晶体管
RF_BJT_PNP	PNP射频晶体管
RF_MOS_3TDN	射频MOS管
TUNNEL_DIODE	隧道二极管
STRIP_LINE	微带传输线
FERRITE_BEADS	微波铁氧体元器件

图 2-38　射频元器件库

机电元器件库

SENSING_SWITCHES	检测开关
MOMENTARY_SWITCHES	瞬时开关
SUPPLEMENTARY_CONTACTS	辅助触点
TIMED_CONTACTS	同步与延时触点
COILS_RELAYS	线圈与触点一体化的继电器
LINE_TRANSFORMER	线性变压器
PROTECTION_DEVICES	保护装置
OUTPUT_DEVICES	输出装置

图 2-39　机电元器件库

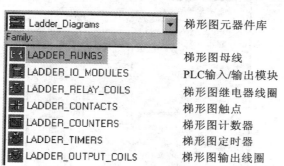

梯形图元器件库

LADDER_RUNGS	梯形图母线
LADDER_IO_MODULES	PLC输入/输出模块
LADDER_RELAY_COILS	梯形图继电器线圈
LADDER_CONTACTS	梯形图触点
LADDER_COUNTERS	梯形图计数器
LADDER_TIMERS	梯形图定时器
LADDER_OUTPUT_COILS	梯形图输出线圈

图 2-40　梯形图元器件库

2.4　虚拟仪器

　　虚拟仪器是电路仿真和设计必不可少的测量工具,灵活运用各种分析仪器,会给电路的仿真和设计带来方便。

　　Multisim 9 提供了 20 种虚拟仪器,包括模拟类(如万用表、示波器、信号发生器和伏安特性测试仪)、数字类(如数字信号发生器、逻辑转换器和逻辑分析仪)、频率类(如频谱仪和数字频率计)、高频仪器类(如端口网络分析仪)、实际仪器(如 Agilent 信号发生器、Agilent 示波器和 Tektronix 示波器)、LabVIEW 虚拟仪器以及测量探针。

　　虚拟仪器的设置、应用和读数同实际仪器一样。用虚拟仪器可方便检测电路的特性和仿真结果,除了 Multisim 9 自带的虚拟仪器之外,用户还可用 LabVIEW 定制自己的虚拟仪器。虚拟仪器有两种显示方式,即图标和操作界面,虚拟仪器的设置和读数通过操作界面进行操作。下面分别介绍 Multisim 9 虚拟仪器的功能和应用。

2.4.1　万用表

　　万用表(multimeter)可用来测量电路的交直流电压、电流、电阻和电路中两个结点之间的增益。测量时,万用表自动调整测量范围,不需用户设置量程。其参数默认设置为理想参数(如电流表内阻接近为零),用户可在操作界面上修改参数。万用表图标和操作界面如图 2-41所示。

XMM1

图 2-41　万用表图标和操作界面

万用表的操作界面包括显示文本框、功能按钮和"Set"按钮。

（1）显示文本框：显示测量结果。

（2）功能按钮：按钮"A"，测电流；按钮"V"，测电压；按钮"Ω"，测电阻；按钮"dB"，测两结点之间的电压增益，dB＝20log(Vout/Vin)；按钮"～"，测交流(交流有效值)；按钮"—"，测直流。

（3）"Set"按钮，设置万用表参数。单击"Set"按钮，弹出参数设置对话框，如图 2-42 所示。万用表参数设置对话框包括 Electronic Setting 和 Display Setting 编辑区域两部分，可以设置电流表内阻、电压表内阻、欧姆表电流和测量电压增益时的相对电压值及测量范围等参数。

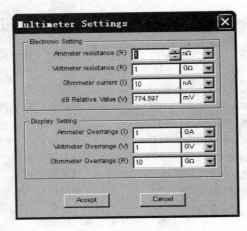

图 2-42 万用表参数设置对话框

【例 2-2】 用万用表测 R1 阻值，电路图如图 2-43 所示，仿真结果如图 2-44 所示。

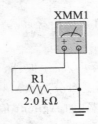

图 2-43 电路图(测 R1)

图 2-44 仿真结果

【例 2-3】 用万用表测 R4 支路电流，如图 2-45 所示。

单击运行按钮，双击万用表图标，仿真结果如图 2-46 所示。

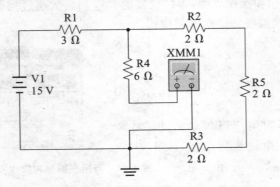

图 2-45 电路图(测 R4)

图 2-46 仿真结果

2.4.2 函数信号发生器

函数信号发生器(function generator)可产生正弦波、三角波和方波信号,信号的频率、幅值、占空比和直流偏置均可设置。其中占空比参数主要用于三角波和方波波形的调整。函数信号发生器的图标和操作界面如图 2-47 所示。

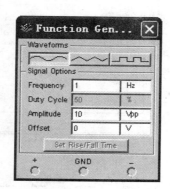

图 2-47 函数信号发生器的图标和操作界面

函数发生器的操作界面包括 Waveforms 栏、Signal Options 栏和接线端子。

(1) Waveforms 栏:选择正弦波、三角波和方波信号。

(2) Signal Options 栏:设置信号的频率(范围为 1 Hz~999 MHz)、方波信号的占空比(范围为 1%~99%)、幅值(范围为 1 mV~999 kV)和直流偏置(范围为-999 kV~999 kV)。对于方波信号,通过"Set Rise/Fall Time"按钮可设置其上升和下降时间。

(3) 接线端子:GND 为参考电平,"+"端子表示输出正极性信号,"-"端子表示输出负极性信号。

2.4.3 双踪示波器

示波器(oscilloscope)用来测量信号的电压幅值和频率,并显示电压波形曲线。双踪示波器可同时测量两路信号,通过调整示波器的操作界面,可将两路信号波形进行比较。双踪示波器的图标和操作界面如图 2-48 所示。

双踪示波器的操作界面包括图形显示区、测量数据显示文本框、Timebase 栏、Channel A 栏、Channel B 栏、Trigger 栏和功能按钮。

(1) 图形显示区:显示被测信号曲线,曲线的颜色由示波器和电路的连线颜色确定。

(2) 测量数据显示文本框:通过移动标尺,可在数据显示文本框显示测量的 A、B 通道数据的大小。

(3) Timebase 栏:设置扫描时基信号的有关情况。

① Scale 增减文本框:设置扫描时间(X 轴显示比例)。

② X position 增减文本框:设置扫描起点(X 轴信号偏移量)。

③ "Y/T"按钮:显示方式按钮,显示时域信号。

④ "Add"按钮:显示方式按钮,通道 A 和通道 B 信号叠加显示。

⑤ "B/A"按钮:显示方式按钮,显示通道 B 信号随通道 A 信号变化的波形。

⑥ "A/B"按钮:显示方式按钮,显示通道 A 信号随通道 B 信号变化的波形。

(4) Channel A 栏:设置通道 A 信号的有关情况。

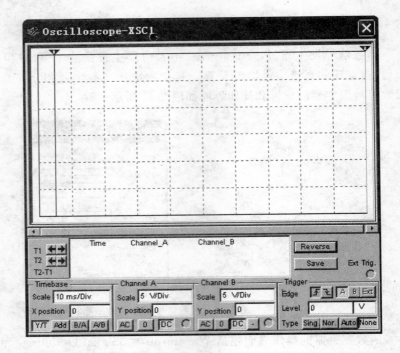

图 2-48 双踪示波器的图标和操作界面

① Scale 增减文本框：设置通道 A 信号的显示比例。

② Y position 增减文本框：设置 Y 轴信号偏移量。

③ "AC"按钮：耦合方式按钮，电容耦合，测量交流信号。

④ "DC"按钮：耦合方式按钮，直接耦合，测量交直流信号。

⑤ "0"按钮：表示输入信号为 0。

（5）Channel B 栏：该栏各项功能同 Channel A 栏。

（6）Trigger 栏：设置触发方式。

① Edge：触发信号的边沿，可选择上升沿或下降沿。

② "A"或"B"按钮：表示用 A 通道或 B 通道的输入信号作为同步 X 轴时基扫描的触发信号。

③ "Ext"按钮：用示波器图标上触发端 T 连接的信号作为触发信号来同步 X 轴的时基扫描。

④ Level：用于选择触发电平的电压大小（阈值电压）。

⑤ Sing.：单次扫描方式按钮，按下该按钮后示波器处于单次扫描等待状态，触发信号来到后开始一次扫描。

⑥ Nor.：常态扫描方式按钮，这种扫描方式下没有触发信号就没有扫描线。

⑦ Auto：自动扫描方式按钮，这种扫描方式下不管有无触发信号均有扫描线，一般情况下使用 Auto 方式。

（7）功能按钮。

① "Reverse"按钮：单击该按钮，可使图形显示窗口反色。

② "Save"按钮：存储示波器数据，文件格式为 ＊.SCP。

【例 2-4】 用双踪示波器同时显示两个函数发生器所设置的波形，如图 2-49 所示。函数发生器 XFG1、XFG2 的设置如图 2-50 所示。

单击运行按钮，双击双踪示波器，仿真结果如图 2-51 所示。

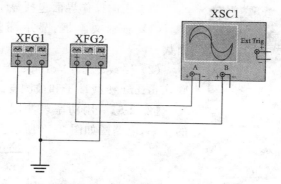

图 2-49　双踪示波器显示两个函数发生器

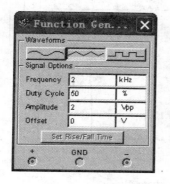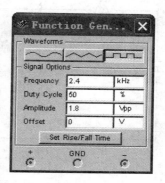

图 2-50　函数发生器的设置

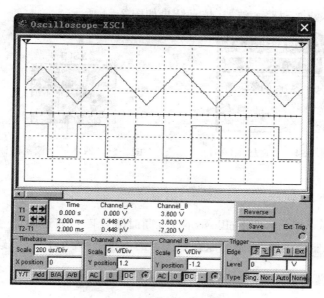

图 2-51　仿真结果(双踪示波器)

2.4.4　功率表

功率表(Wattmeter)用来测量功率,可测量电路中某支路的有功功率和功率因数,其量程自动调整。功率表的图标和操作界面如图 2-52 所示。

图 2-52　功率表的图标和操作界面

功率表的操作界面包括显示文本框和接线端子。

（1）显示文本框：显示测量的有功功率和功率因数。

（2）接线端子：Voltage 接线端子和被测支路并联，Current 接线端子和被测支路串联。

【例 2-5】　用功率表测图 2-45 所示电路图中 R5 的功率，电路图如图 2-53 所示。

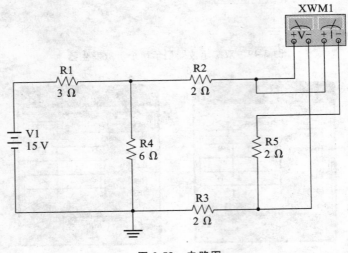

图 2-53　电路图

单击运行按钮，双击双踪示波器，仿真结果如图 2-54 所示。

图 2-54　仿真结果（R5）

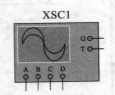

图 2-55　四通道示波器图标

2.4.5　四通道示波器

四通道示波器（4 Channel Oscilloscope）可同时测量四个通道的信号，其图标如图 2-55 所示。四通道示波器的连接、设置和双踪示波器的连接、设置几乎一样，这里就不再介绍。

2.4.6　波特图仪

波特图仪（Bode Plotter）用来测量和显示电路的幅频特性和相频特性，能产生一个频率很宽的扫频信号。波特图仪的图标和操作界面如图 2-56 所示。其中 IN 端口的"＋"和"－"分别接被测电路输入的正端和负端；OUT 端口的"＋"和"－"分别接被测电路输出的正端和负端。

波特图仪的操作界面由图形显示窗、Mode 栏、Horizontal 栏、Vertical 栏和 Controls 栏组成。

（1）图形显示窗：显示测量信号的电压增益或相位偏移，图形显示窗下面的状态栏显示信号的频率和电压增益。

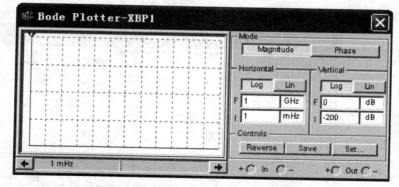

图 2-56　波特图仪的图标和操作界面

（2）Mode 栏：显示模式选择，包括"Magnitude"按钮和"Phase"按钮。

① "Magnitude"按钮：显示信号的增益。

② "Phase"按钮：显示信号的相位偏移。

（3）Horizontal 栏：水平坐标设置，设置频率的刻度和范围。

① "Log"按钮：设置频率刻度为对数量程。

② "Lin"按钮：设置频率刻度为线性量程。

③ F(Final)：设置终止频率。

④ I(Initial)：设置起始频率。

（4）Vertical 栏：垂直坐标设置，设置增益的刻度和范围。

① "Log"按钮：设置增益的单位为对数刻度。

② "Lin"按钮：设置增益的单位为线性刻度。

（5）Controls 栏：包括"Reverse"按钮、"Save"按钮、"Set"按钮。

① "Reverse"按钮：单击该按钮，可使图形显示窗口反色。

② "Save"按钮：存储波特图仪的数据，文件格式为 ＊.tdm。

③ "Set"按钮：设置显示的分辨率。

【例 2-6】　用波特图仪测量图 2-57 所示三极管共射放大电路的波特图。

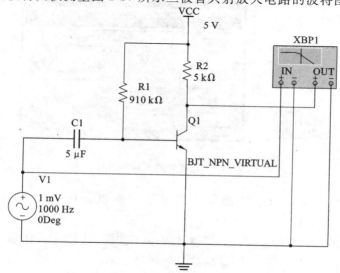

图 2-57　三极管共射放大电路

单击运行按钮，双击波特图仪，仿真波特图如图2-58所示。

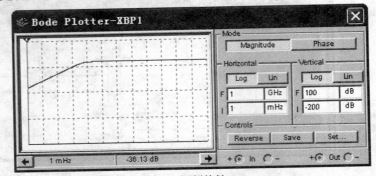

(a) 幅频特性

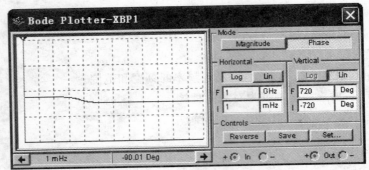

(b) 相频特性

图 2-58　仿真波特图

2.4.7　数字频率计

数字频率计(Frequency Counter)用来测量信号的频率，通过操作界面的选择，还可显示信号的周期、脉宽以及上升沿/下降沿时间。数字频率计的图标和操作界面如图2-59所示。

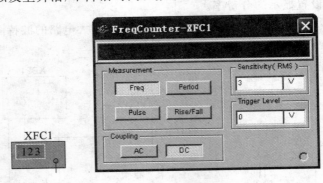

图 2-59　数字频率计的图标和操作界面

数字频率计的操作界面包括测量结果显示文本框、Measurement 栏、Coupling 栏、Sensitivity(RMS)栏和 Trigger Level 栏。

(1) Measurement 栏：包括"Freq"按钮、"Period"按钮、"Pulse"按钮和"Rise/Fall"按钮。

① "Freq"按钮：单击该按钮，则输出结果为信号频率。

② "Period"按钮：单击该按钮，则输出结果为信号周期。

③"Pulse"按钮：单击该按钮,则输出结果为高、低电平脉宽。

④"Rise/Fall"按钮：单击该按钮,则输出结果显示数字信号的上升沿和下降沿时间。

（2）Coupling 栏：选择信号的耦合方式。

（3）Sensitivity(RMS)栏：通过滚动文本框设置测量灵敏度(滚动文本框的数字为有效值),如频率计的灵敏度设为 3 V,则被测信号(如正弦量)的幅值应不低于 $3\sqrt{2}$,否则,不能显示测量结果。

（4）Trigger Level 栏：通过滚动文本框设置数字信号的触发电平大小。

【例 2-7】 用数字频率计测量 555 定时器构成的多谐振荡器的输出,选择"Tools"→"Circuit Wizards"→"555 Timer Wizard"命令,弹出"555 Timer Wizard"对话框,如图 2-60所示。555 定时器构成的多谐振荡器电路图如图2-61所示。

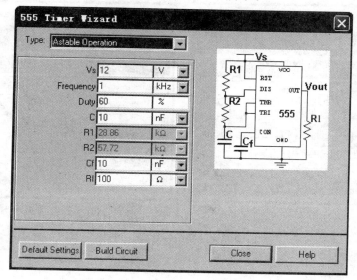

图 2-60 "555 Timer Wizard"对话框

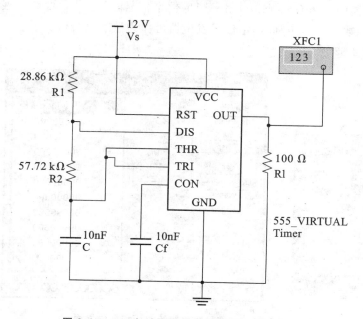

图 2-61 555 定时器构成的多谐振荡器电路图

单击运行按钮,双击数字频率计,仿真结果如图 2-62 所示。

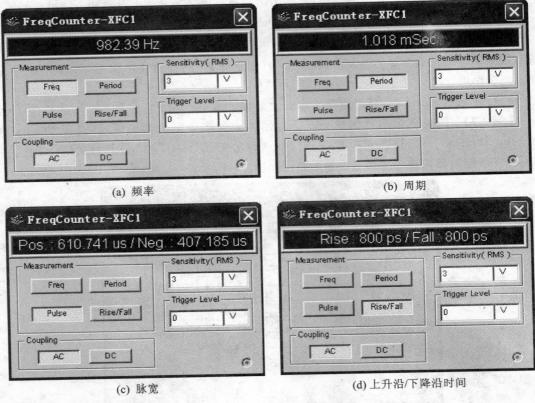

(a) 频率
(b) 周期
(c) 脉宽
(d) 上升沿/下降沿时间

图 2-62   数字频率计测量结果

2.4.8   字信号发生器

字信号发生器(Word Generator)用来产生数字信号,通过设置可产生连续的数字信号(最多为 32 位)。数字电路仿真时,字信号发生器可作为数字信号源。字信号发生器的图标和操作界面如图 2-63 所示。

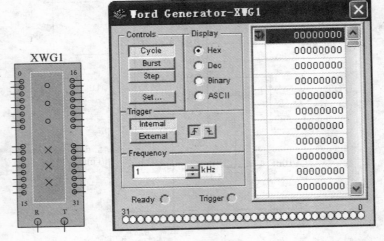

图 2-63   字信号发生器的图标和操作界面

字信号发生器的操作界面包括字信号编辑区、Controls 栏、Display 栏、Trigger 栏和 Frequency 栏。

（1）字信号编辑区：按顺序显示待输出的数字信号，数字信号可直接编辑修改。

（2）Controls 栏：数字信号输出控制，包括"Cycle"按钮、"Burst"按钮、"Step"按钮和"Set"按钮。

① "Cycle"按钮：单击该按钮，从起始地址开始循环输出一定数量的数字信号（数字信号的数量通过"Settings"对话框设定）。

② "Burst"按钮：单击该按钮，输出从起始地址至终止地址的全部数字信号。

③ "Step"按钮：单击该按钮，单步输出数字信号。

④ "Set"按钮：用来设置数字信号的类型和数量。单击"Set"按钮，弹出"Settings"对话框，如图 2-64 所示。

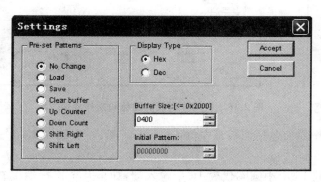

图 2-64 "Settings"对话框

"Settings"对话框包括 Pre-set Patterns 栏、Display Type 栏、Buffer Size 滚动文本框和 Initial Pattern 滚动文本框。

Pre-set Patterns 栏有 No Change（不改变字信号编辑区中的数字信号）、Load（载入数字信号文件＊.dp）、Save（存储数字信号）、Clear buffer（将字信号编辑区中的数字信号全部清零）、Up Counter（数字信号从初始地址至终止地址输出）、Down Count（数字信号从终止地址至初始地址输出）、Shift Right（数字信号的初始值默认为 80000000，按数字信号右移的方式输出）、Shift Left（数字信号的初始值默认为 00000001，按数字信号左移的方式输出）。

Display Type 栏用来设置数字信号为十六进制或十进制。

Buffer Size 滚动文本框用来设置数字信号的数量。

Initial Pattern 滚动文本框用来设置数字信号的初始值（只在 Pre-set Patterns 为 Shift Right 或 Shift Left 选项时起作用）。

（3）Display 栏：数字信号的类型选择，可选择十六进制、十进制、二进制以及 ASCII 代码方式。

（4）Trigger 栏：可选择 Internal（内触发）或 External（外触发）方式，触发方式可选择上升沿触发或下降沿触发。

（5）Frequency 栏：选择输出数字信号的频率。

2.4.9 逻辑分析仪

逻辑分析仪（Logic Analyzer）可以同步记录和显示 16 位数字信号，可用于对数字信号的高速采集和时序分析，逻辑分析仪的图标和操作界面如图 2-65 所示。

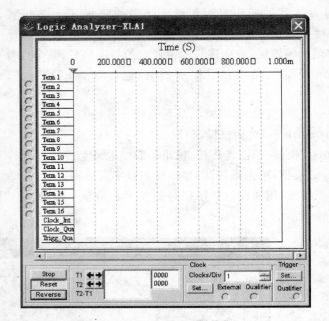

图 2-65 逻辑分析仪的图标和操作界面

逻辑分析仪操作界面包括面板最左侧 16 个小圆圈、左边第 1 区、左边第 2 区、Clock 栏和 Trigger 栏。

（1）面板最左侧 16 个小圆圈代表 16 个输入端，如果某个连接端接有被测信号，则该小圆圈内出现一个黑圆点。被采集的 16 路输入信号依次显示在屏幕上。当改变输入信号连接导线的颜色时，显示波形的颜色立即发生相应改变。

（2）左边第 1 区："Stop"按钮为停止仿真；"Reset"按钮为逻辑分析仪复位并清除显示波形；"Reverse"按钮为改变屏幕背景的颜色。

（3）左边第 2 区：移动读数指针上部的三角形可以读取波形的逻辑数据。其中 T1 和 T2 分别表示读数指针 1 和读数指针 2 离开扫描线零点的时间，T2－T1 表示两读数指针之间的时间差。

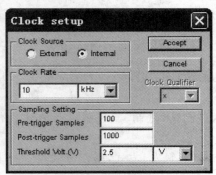

图 2-66 "Clock setup"对话框

（4）Clock 栏：包括 Clocks/Div 滚动文本框及"Set"按钮。

① Clocks/Div：设置在显示屏上每个水平刻度显示的时钟脉冲数。

② "Set"按钮：设置时钟脉冲，单击该按钮，弹出"Clock setup"对话框，如图 2-66 所示。

"Clock setup"对话框中包括 Clock Source 栏、Clock Rate 栏和 Sampling Setting 栏。

Clock Source 栏的功能是选择时钟脉冲，External 表示外部时钟，Internal 表示内部时钟。

Clock Rate 栏的功能是设置时钟频率。

Sampling Setting 栏的功能是设置取样方式，Pre-trigger Samples 文本框用来设定前沿触发取样数，Post-trigger Samples 文本框用来设定后沿触发取样数，Threshold Volt.（V）文本框用来设定阈值电压。

（5）Trigger 栏：设置触发方式，单击"Set"按钮，弹出"Trigger Settings"对话框，如图 2-67 所示。

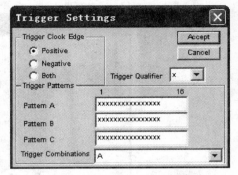

"Trigger Settings"对话框包括 Trigger Clock Edge 栏、Trigger Qualifier 下拉列表框和 Trigger Patterns 栏。

① Trigger Clock Edge 栏的功能是设定触发方式，包括 Positive（上升沿触发）、Negative（下降沿触发）和 Both（上升、下降沿触发）三个选项。

② Trigger Qualifier 下拉列表框的功能是选择触发限定字，包括 0、1 及×（0、1 皆可）三个选项。

图 2-67 "Trigger Settings"对话框

③ Trigger Patterns 栏的功能是设置触发的样本，我们可以在 Pattern A、Pattern B 和 Pattern C 文本框中设定触发样本，也可以在 Trigger Combinations 下拉列表框中选择组合的触发样本。

【例 2-8】 用字信号发生器、逻辑分析仪和 74LS138 组成顺序脉冲发生器，如图 2-68 所示。将字信号发生器的最低三位分别接入 74LS138 的地址输入端 A、B 和 C，字信号发生器的二进制代码设置如图 2-69 所示。同时，单击"Set"按钮，将"Settings"对话框中的 Buffer Size 滚动文本框设为 0008（表示八个二进制代码），如图 2-70 所示。

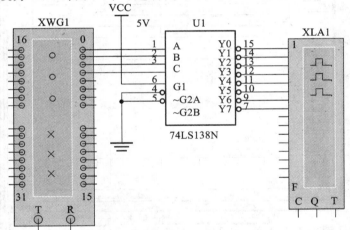

图 2-68 顺序脉冲发生器

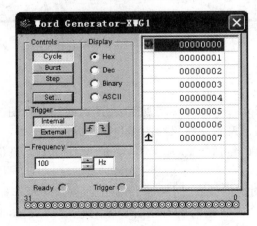

图 2-69 字信号发生器的二进制代码设置

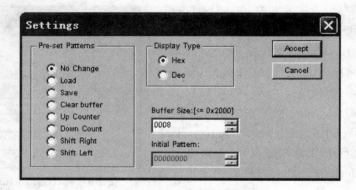

图 2-70　设置 Buffer Size

单击运行按钮，双击逻辑分析仪，仿真结果如图 2-71 所示。

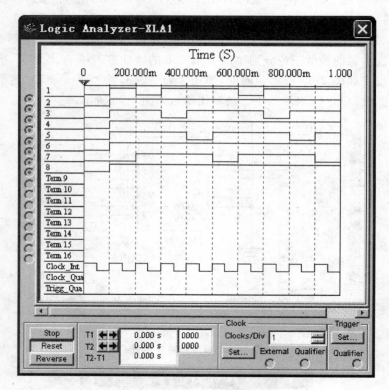

图 2-71　仿真结果（逻辑分析仪）

2.4.10　逻辑转换仪

逻辑转换仪（Logic Converter）可实现真值表、函数式和逻辑图三者之间的相互转换，实际中不存在相对应的仪器。逻辑转换仪的图标和操作界面如图 2-72 所示。

逻辑转换仪的操作界面包括变量（A、B、C、D、E、F、G 和 H）、真值表、函数表达式显示文本框和 Conversions 栏。

（1）变量：单击变量对应的圆圈，则选择了输入变量（最多可选择八个输入变量）。

（2）真值表：列出了输入变量的所有组合以及对应的函数值，函数值可选择 0、1 和×（初始函数值的显示为"?"，单击相应的函数值，可将其改变为 0、1 或×）。

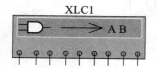

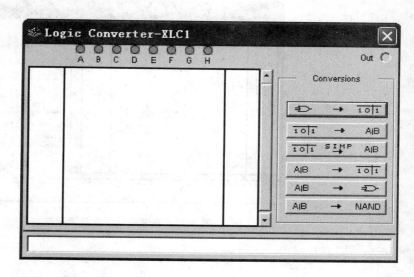

图 2-72　逻辑转换仪的图标和操作界面

（3）函数表达式显示文本框：显示真值表对应的函数表达式。

（4）Conversions 栏：实现数字电路各种表示方法的相互转换，其转换按钮的功能如图 2-73 所示。

图 2-73　转换按钮功能

【例 2-9】　用逻辑转换仪将图 2-74 所示的逻辑图转换成最简函数式的逻辑图。

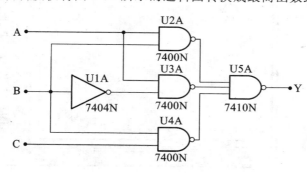

图 2-74　逻辑图

将 A、B、C 连在逻辑转换仪的三个输入端，将 Y 连在逻辑转换仪的输出端，单击 [101 SIMP AIB] 按钮，得到最简函数式，如图 2-75 所示。单击 [AIB → ⊃] 按钮，得到最简函数式的逻辑图，如图 2-76 所示。

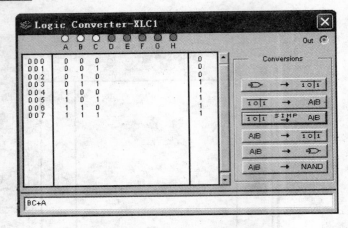

图 2-75　真值表转换成最简函数式

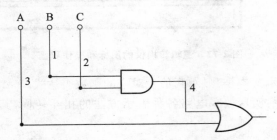

图 2-76　最简函数式的逻辑图

2.4.11　伏安特性分析仪

伏安特性分析仪(IV Analyzer)用来测试二极管、三极管和 MOS 管的伏安特性曲线。伏安特性分析仪的图标和操作界面如图 2-77 所示。

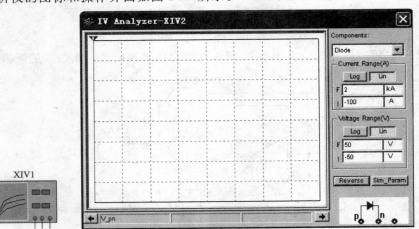

图 2-77　伏安特性分析仪的图标和操作界面

伏安特性分析仪的操作界面包括图形显示窗、元器件状态栏、Components 下拉列表框、Current Range(A)栏、Voltage Range(V)栏、"Reverse"按钮、"Sim_Param"按钮和接线端子指示窗(操作界面的右下角)。

(1) 图形显示窗:显示元器件(二极管或三极管)的伏安特性曲线。

（2）元器件状态栏：显示元器件的电压和电流（如 NMOS 管的 d、s 间的电压，漏极电流）。

（3）Components 下拉列表框：选择元器件类型，包括 Diode、BJT NPN、BJT PNP、NMOS 和 PMOS 五种类型。

（4）Current Range(A)栏：设置电流范围。

（5）Voltage Range(V)栏：设置电压范围。

（6）"Reverse"按钮：图形显示反色。

（7）"Sim_Param"按钮：伏安特性参数设置，单击该按钮，弹出"Simulate Parameters"对话框，如图 2-78 所示。

（8）接线端子指示窗：如图 2-77 所示，在 Components 下拉列表框中选择了元器件以后，则在该指示窗显示对应元器件的管脚（如 NMOS 管的 g、s 和 d），用来指示元器件和伏安特性分析仪的图标连接。

【例 2-10】　选择元器件为 NMOS 管，按接线端子指示窗将 NMOS 管和伏安特性分析仪的图标连接在一起，得 NMOS 管的伏安特性测试电路，如图 2-79 所示。

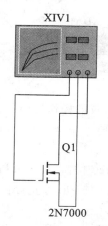

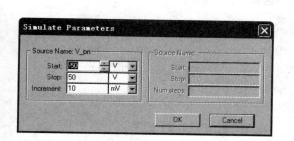

图 2-78　"Simulate Parameters"对话框

图 2-79　NMOS 管的伏安特性测试电路

单击运行按钮，双击伏安特性分析仪，得到 2N7000 管的伏安特性曲线如图 2-80 所示。

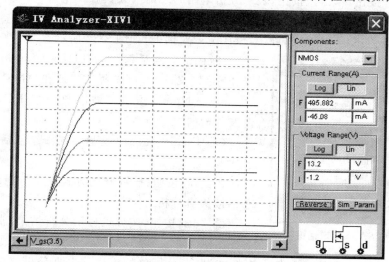

图 2-80　2N7000 管的伏安特性曲线

2.4.12　失真分析仪

失真分析仪(Distortion Analyzer)是一种测试电路总谐波失真与信噪比的仪器,在用户所指定的基准频率下,测量电路的总谐波失真或信噪比。失真分析仪的图标和操作界面如图 2-81 所示。

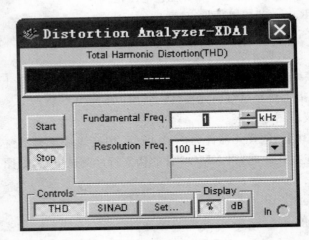

图 2-81　失真分析仪的图标和操作界面

失真分析仪的操作界面包括 Total Harmonic Distortion (THD) 文本框、"Start"按钮、"Stop"按钮、Fundamental Freq. 文本框、Resolution Freq. 文本框、Controls 栏和 Display 栏。

(1) Total Harmonic Distortion (THD)文本框:显示测量电路的总谐波失真。

(2) "Start"按钮:启动分析。

(3) "Stop"按钮:停止分析。

(4) Fundamental Freq. 文本框:设置基频。

(5) Resolution Freq. 文本框:设置频率分辨率。

(6) Controls 栏:包括"THD"按钮、"SINAD"按钮和"Set"按钮。

① "THD"按钮:单击该按钮,表示分析电路的总谐波失真。

② "SINAD"按钮:单击该按钮,表示分析电路的信噪比。

③ "Set"按钮:单击该按钮,弹出"Settings"对话框,如图 2-82 所示。

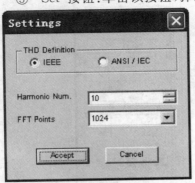

图 2-82　"Settings"对话框

"Settings"对话框包括 THD Definition 栏(用来设置 THD 定义标准,可选择 IEEE 和 ANSI/IEC 标准)、Harmonic Num.(设置谐波次数)和 FFT Points(设置谐波分析的取样点数)。

(7) Display 栏:设置显示方式,包括"%"按钮和"dB"按钮。

① "%"按钮:按百分比方式显示分析结果,常用于总谐波失真分析。

② "dB"按钮:按分贝显示分析结果,常用于信噪比分析。

【例 2-11】　以单管放大电路为例,说明失真分析仪的应用。失真分析仪接入电路的输出端,如图 2-83 所示。

单击运行按钮,双击失真分析仪,分析结果如图 2-84 所示。

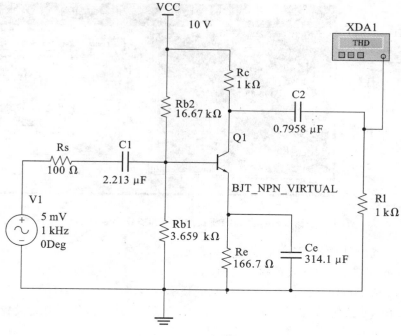

图 2-83 失真分析仪测试电路

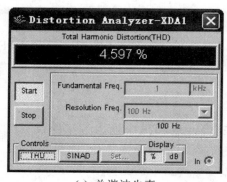

(a) 总谐波失真

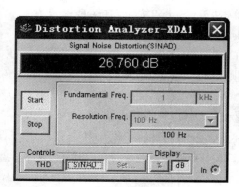

(b) 信噪比

图 2-84 失真分析仪分析结果

2.4.13 频谱分析仪

频谱分析仪(Spectrum Analyzer)用于测量信号的不同频率分量对应的幅值,也能测量信号的功率和频率构成,并确定信号是否有谐波存在。实际应用的频谱分析仪由于内部产生的噪声被仪器各级电路放大,使测量结果的可信度大大降低。而 Multisim 环境中的虚拟频谱分析仪没有仪器本身产生的附加噪声。频谱分析仪的图标和操作界面如图 2-85 所示。

频谱分析仪的操作界面包括图形显示窗、状态栏、Span Control 栏、Frequency 栏、Amplitude 栏、Resolution Freq. 文本框和控制按钮。

(1) 图形显示窗:显示信号的频谱图形。

(2) 状态栏:显示光标处对应的频率和幅值。

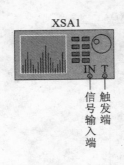

XSA1

IN T

信号输入端　触发端

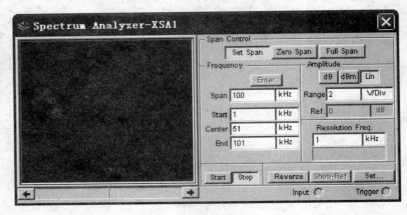

图 2-85　频谱分析仪的图标和操作界面

（3）Span Control 栏：设置测量信号频谱的范围。

① "Set Span"按钮：手动设置频率范围。

② "Zero Span"按钮：设置以中心值定义的频率。

③ "Full Span"按钮：设置全频段为频率范围，单击该按钮后，仪器自动设置频率范围为 0～4 GHz。

（4）Frequency 栏：设置频率范围。

单击"Set Span"按钮，有两种设置方式。

① 设置起始频率和终止频率。

在 Start 编辑框中输入起始频率 f_{start}，在 End 编辑框中输入终止频率 f_{end}，单击"Enter"按钮，则中心频率 f_{center} 和频率跨度 f_{span} 按式（2-1）自动计算。

$$f_{center}=(f_{start}+f_{end})/2,\quad f_{span}=f_{end}-f_{start} \tag{2-1}$$

② 设置中心频率和跨度。

在 Center 编辑框中输入中心频率 f_{center}，在 Span 编辑框中输入频率跨度 f_{span}，单击"Enter"按钮，则起始频率 f_{start} 和终止频率 f_{end} 按式（2-2）自动计算。

$$f_{start}=f_{center}-f_{span}/2,\quad f_{end}=f_{center}+f_{span}/2 \tag{2-2}$$

单击"Zero Span"按钮，只能在 Center 编辑框中输入中心频率。

单击"Full Span"按钮，仪器自动设置频率范围。

（5）Amplitude 栏：设置幅值的显示方式、量程和参考电平。

① 显示方式：有 dB、dBm 和 Lin 三种方式，可通过按钮切换。

dB：电压分贝数，用 20lg(V) 表示。lg 是以 10 为底的对数，V 是信号电压的幅值。

dBm：功率电平，用 10lg(V/0.775) 表示。dBm 表示 600 Ω 电阻两端加 0.775 V 电压的功率损耗，这个功率等于 1 mW。当使用这个选项时，信号功率显示以 0 dBm 为参考值。

Lin：线性刻度。

② Range 编辑框：量程设置。

选择显示方式为 dB 或 dBm 时，量程单位为 dB/Div。

选择显示方式为 Lin 时，量程单位为 V/Div。

③ Ref. 编辑框：参考电平设置，用于设置能够显示在屏幕上的输入信号范围，只有当选中 dB 或 dBm 时才有效。

（6）Resolution Freq.文本框：设置频率分辨率。

（7）控制按钮：控制频谱分析仪的运行。

① "Start"按钮：开始分析。

② "Stop"按钮：停止分析。

③ "Reverse"按钮：图形显示窗反色。

④ "Show-Ref"按钮：显示参考值。

⑤ "Set"按钮：单击该按钮，弹出"Settings"对话框，如图2-86所示。

"Settings"对话框用来设置触发源（可选择内触发或外触发）、触发模式（可选择连续触发或单次触发）、阈值电压和FFT Points（快速傅里叶变换的取样点数）。

【例2-12】 以矩形波的频谱分析为例，说明频谱分析仪的应用。由电路理论可知，矩形波信号经傅里叶变换可分解为直流分量、基波、三次谐波、五次谐波和七次谐波等。谐波次数越多，其幅值越小。矩形波频谱分析电路如图2-87所示。

图 2-86 "Settings"对话框

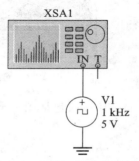

图 2-87 矩形波频谱分析电路

频谱分析仪的参数设置：中心频率设为5 kHz，频率跨度为10 kHz，幅值显示方式为线性，量程设为0.5 V/Div。单击运行按钮，矩形波信号的频谱分析结果如图2-88所示。

由图2-88可知，图形显示窗显示的波形依次为矩形波信号的基波、三次谐波、五次谐波、七次谐波和九次谐波，该结果同理论分析结果一致。

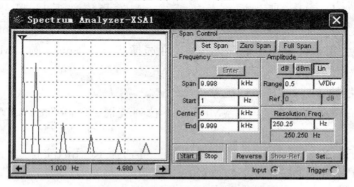

图 2-88 矩形波信号的频谱分析结果

2.4.14 网络分析仪

网络分析仪（Network Analyzer）是RF仿真分析仪器中的一种，用来分析双端口网络的参数特性。通过网络分析仪对电路及其元器件的特性进行分析，用户可以了解电路的布局，以及使用的元器件是否符合规范。网络分析仪通常用于测量双端口高频电路的 S 参数,也可以用于测量 H、Y、Z 参数。网络分析仪的图标和操作界面如图 2-89 所示。

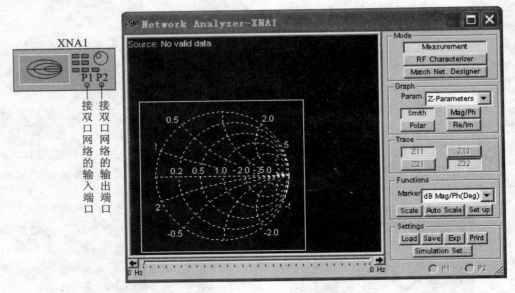

图 2-89　网络分析仪的图标和操作界面

网络分析仪的操作界面包括图形显示框、Mode 栏、Graph 栏、Trace 栏、Functions 栏和 Settings 栏。

(1) 图形显示框:用来显示图表、测量曲线以及标注电路信息的文字。

(2) Mode 栏:模式选择。

① Measurement:检测模式。当选择该选项时,可用来检测双口网络的 S 参数、H 参数、Y 参数和 Z 参数等。

② RF Characterizer:射频特性分析模式。当选择该选项时,可分析双口网络的 Impedance(输入输出阻抗)、Power Gains(功率增益)和 Gains(电压增益)。

③ Match Net. Designer:匹配网络分析模式。当选择该选项时,可分析双口网络的 Stability Circles(稳定性)、Unilateral Gains Circles(单向性)和 Impedance Matching(阻抗匹配)。

(3) Graph 栏:用来设置图形的显示方式,可选择 Smith(Smith 圆)、Mag/Ph(幅值/相位)、Polar(极化图)和 Re/Im(实部/虚部)四种方式。

(4) Trace 栏:轨迹控制,显示或隐藏单个轨迹。

(5) Functions 栏:功能选择,包括 Marker 下拉列表框、"Scale"按钮、"Auto Scale"按钮和"Set up"按钮。

① Marker 下拉列表框:数据表示方式选择。可选择 Re/Im(实部/虚部)、Mag/Ph(幅值/相位)和 dB Mag/Ph(Deg)(分贝幅值/相位)三种。

② "Scale"按钮:改变当前图表的比例。

③ "Auto Scale"按钮:自动调整数据比例,使其能够在当前图表中选择。

④ "Set up"按钮:单击该按钮,弹出"Preferences"对话框,如图 2-90 所示。

(6) Settings 栏:有"Load"按钮、"Save"按钮、"Exp"按钮、"Print"按钮和"Simulation Set"按钮。

① "Load"按钮:载入以前保存的 S 参数数据(文件扩展名为 ∗.sp)到网络分析仪中。

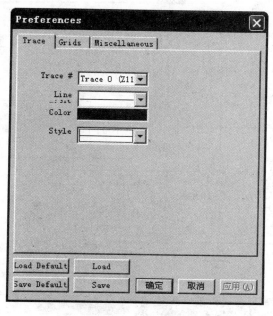

图 2-90 "Preferences"对话框

② "Save"按钮：保存数据。

③ "Exp"按钮：导出选中的参数组数据至文本文件。

④ "Print"按钮：打印选择的图表。

⑤ "Simulation Set"按钮：单击该按钮，弹出"Measurement Setup"对话框，如图 2-91 所示。

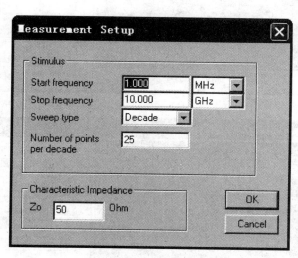

图 2-91 "Measurement Setup"对话框

【例 2-13】 在元器件库中选择元器件，创建射频放大电路，如图 2-92 所示。电路中 BF517 为射频晶体管，网络分析仪的两个端子（P1、P2）通过电容 C5、C3 分别连接至放大电路的输入端和输出端。

单击运行按钮，双击网络分析仪图标，在网络分析仪的操作界面中可进行射频放大电路参数检测（本处以 S 参数为例）、射频特性分析和网路匹配分析，分别如图 2-93、图 2-94 和图 2-95 所示。

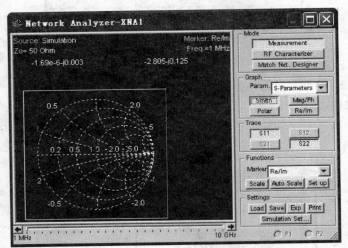

图 2-92　射频放大电路

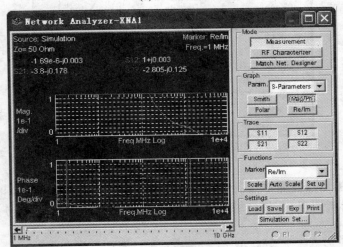

(a) Smith图显示

(b) Mag/Ph（幅值/相位）方式显示

图 2-93　射频放大电路的 S 参数检测

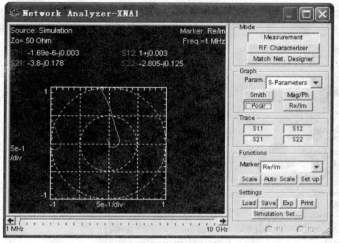

(c) Polar（极化图）方式显示

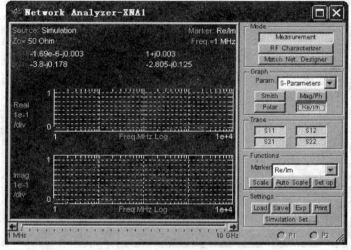

(d) Re/Im（实部/虚部）方式显示

续图 2-93

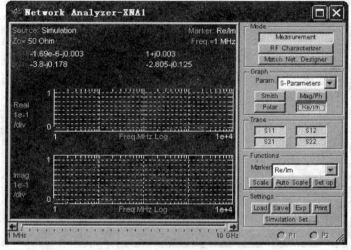

(a) 射频放大电路的功率增益

图 2-94 射频特性分析

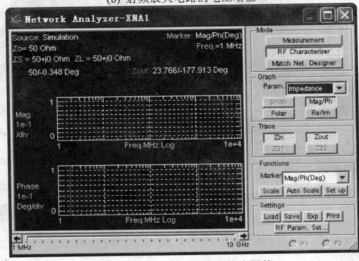

(b) 射频放大电路的电压增益

(c) 射频放大电路的输入输出阻抗

续图 2-94

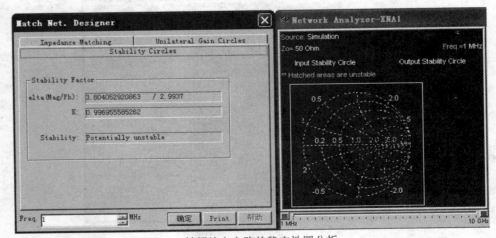

(a) 射频放大电路的稳定性圆分析

图 2-95　网络匹配分析

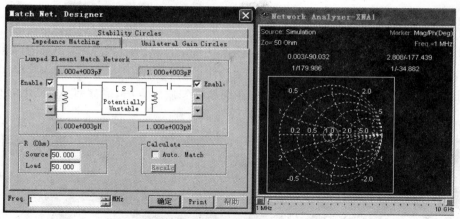

(b) 射频放大电路的匹配阻抗分析

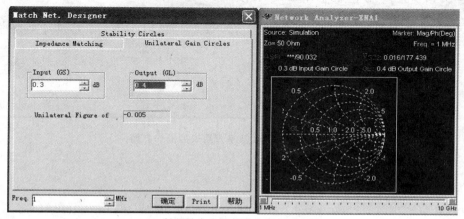

(c) 射频放大电路的单向增益圆分析

续图 2-95

2.4.15 Agilent 函数信号发生器

Agilent 函数信号发生器(Simulated Agilent Function Generator)是以 Agilent 公司的 33120A 型函数发生器为原型设计的,是一个能产生 15 MHz 多种波形信号的高性能的综合函数发生器。Agilent 函数信号发生器的操作界面如图 2-96 所示。至于它的详细功能和使用方法,请参阅 Agilent 33120A 型函数发生器的使用手册。

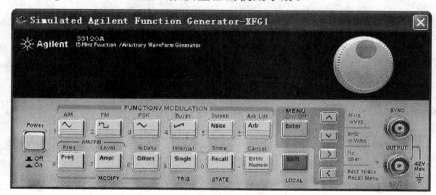

图 2-96 Agilent 函数信号发生器的操作界面

2.4.16 Agilent 数字万用表

Agilent 数字万用表（Simulated Agilent Multimeter）是以 Agilent 公司的 34401A 型数字万用表为原型设计的，是一个测量精度为六位半的高性能的数字万用表。Agilent 数字万用表的操作界面如图 2-97 所示。至于它的详细功能和使用方法，请参阅 Agilent 34401A 型数字万用表的使用手册。

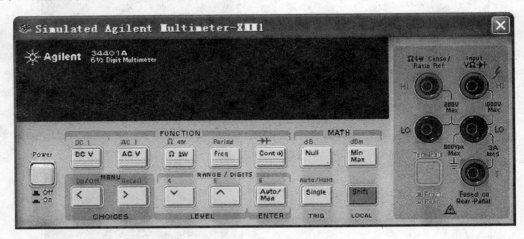

图 2-97　Agilent 数字万用表的操作界面

2.4.17 Agilent 数字示波器

Agilent 数字示波器（Simulated Agilent Oscilloscope）是以 Agilent 公司的 54622D 型数字示波器为原型设计的，是一个两路模拟通道、十六路数字通道、100 MHz 数据带宽、附带波形数据磁盘外存储功能的数字示波器。Agilent 数字示波器的操作界面如图 2-98 所示。关于它的详细功能和使用方法，请参阅 Agilent 54622D 型数字示波器的使用手册。

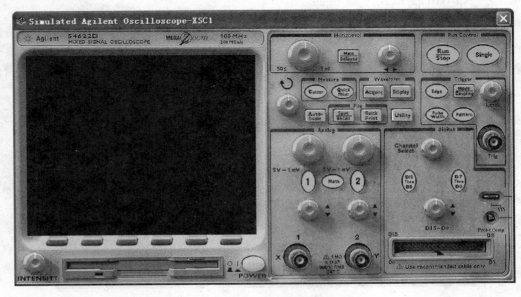

图 2-98　Agilent 数字示波器的操作界面

2.4.18　Tektronix 数字示波器

Tektronix 数字示波器(Simulated Tektronix Oscilloscope)是以 Tektronix 公司的 TDS 2024 型数字示波器为原型设计的,是一个四模拟通道、200 MHz 数据带宽、附带波形数据存储功能的液晶显示数字示波器。Tektronix 数字示波器的操作界面如图 2-99 所示。关于它的详细功能和使用方法,请参阅 Tektronix TDS 2024 型数字示波器的使用手册。

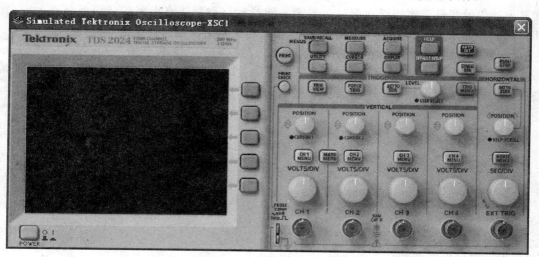

图 2-99　Tektronix 数字示波器的操作界面

2.4.19　LabVIEW 虚拟仪器

Multisim 9 提供的 LabVIEW 虚拟仪器包括麦克风、扬声器、信号分析仪和信号发生器四种,如图 2-100 所示。在 LabVIEW 8.0 以上版本的开发环境中,可创建自己的 LabVIEW 虚拟仪器,安装后,可在 Multisim 9 中调用。

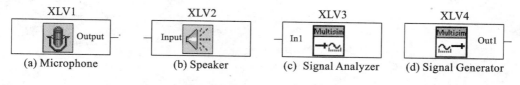

图 2-100　LabVIEW 虚拟仪器

（1）Microphone(麦克风):麦克风用来记录声音信号,记录的声音信号数据可作为信号源来用。

注意:实际使用时,麦克风通过计算机的声卡输入声音信号,计算机声卡的型号能被虚拟仪器麦克风识别。

（2）Speaker(扬声器):当扬声器和信号源连接时,可发出声音。扬声器也可同麦克风直接相连,但扬声器的采样频率和麦克风的采样频率应一致。

（3）Signal Analyzer(信号分析仪):信号分析仪可分析信号的时域波形、信号的自动功率谱和信号的平均值。对分析的波形还可进行区域放大、缩小和拉伸等处理。

（4）Signal Generator(信号发生器):可产生正弦波、三角波、矩形波和锯齿波,且频率可调。

2.4.20 测量探针

测量探针(Measurement Probe)是 Multisim 7 以后的版本中才有的虚拟仪器,使用它可以在仿真进程中随时观测仿真电路中任何一个结点的电压和频率值。

Multisim 9 中的测量探针有以下两种用法。

(1) 用作动态探针:电路仿真时,单击测量探针按钮,在光标点上就会出现一个带箭头的显示被测量变量名称的浮动窗口。当箭头随光标移动到仿真电路的线路或结点上时,浮动窗口的内容改变。如果想取消此次测量,则需再次单击测量探针按钮即可。

(2) 用作动态监测窗:在电路仿真开始前,先选择主菜单下的"Simulate"→"Probe Properties"命令,对动态监测窗的显示进行设定。单击测量探针按钮,在指定的电路连线或结点上添加监测窗。然后单击仿真运行按钮,动态监测窗内的数据将随电路的运行状态而变化。

习　　题

1. Multisim 9 提供的元器件库有哪些种类? 如何选用需要的元器件?
2. Multisim 9 提供的虚拟仪器有哪些种类,哪些属于模拟类虚拟仪器,哪些属于数字类虚拟仪器,哪些属于频率类虚拟仪器?
3. 函数发生器可提供哪几种波形?
4. 逻辑转换仪可实现什么之间的相互转换?
5. 试运用 LabVIEW 虚拟仪器中的麦克风实现声音的录入,并用扬声器输出声音。
6. 电路仿真分析时,如何运用测量探针动态观测电路的状态?

第 3 章 Multisim 9 的基本分析和应用

Multisim 9 提供了多种仿真分析方法,可对模拟电路、数字电路和射频电路进行各种仿真。

3.1 Multisim 9 的基本仿真分析

基本仿真分析是电路分析中常用的分析方法,包括直流工作点分析、交流分析、瞬态分析和傅里叶分析。仿真结果生成的数据可借用图形记录仪(Grapher View)生成图形曲线,也可借用后处理器进一步分析计算。

用 Multisim 9 进行仿真分析包括以下四个基本步骤。

(1) 创建仿真电路。

(2) 设置仿真参数。

(3) 选择仿真分析方法并设置分析参数。

(4) 运行仿真观测结果。

3.1.1 直流工作点分析

直流工作点分析(DC Operation Point Analysis)是在电路的交流信号置零、电容开路、电感短路的情况下,计算电路的静态工作点。直流分析的结果通常可用于电路的进一步分析,如在进行瞬态分析和交流小信号分析之前,程序会自动先进行直流工作点分析,以确定瞬态分析的初始条件和交流小信号情况下非线性器件(如二极管和晶体管)的线性化模型参数。

【例 3-1】 单管共射放大电路如图 3-1 所示,对其进行直流工作点分析。

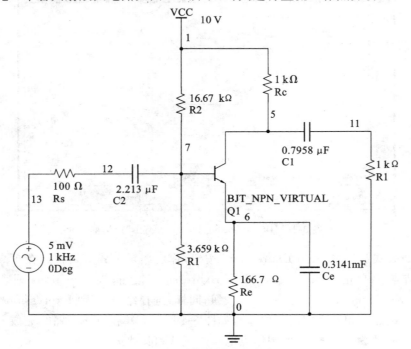

图 3-1 单管共射放大电路

51

操作步骤如下。

(1) 对电路结点编号。选择菜单"Options"→"Sheet Properties"命令,弹出"Sheet Properties"对话框,如图 3-2 所示。在 Net Names 栏中,选择 Show All,单击"OK"按钮,则仿真电路自动添加结点编号,如图 3-1 所示。

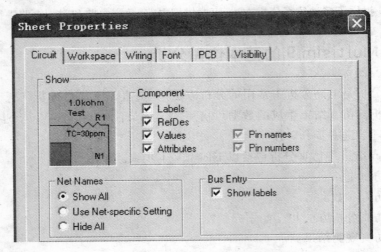

图 3-2 "Sheet Properties"对话框

(2) 选择分析的结点。选择菜单"Simulate"→"Analyses"→"DC Operating Point"命令,弹出"DC Operating Point Analysis"对话框。在 Output 选项卡中,将电路结点 1、11、5、6 和 7 通过"Add"按钮添加至右边的列表框,也可通过"Remove"按钮移除已添加的结点,如图 3-3 所示。

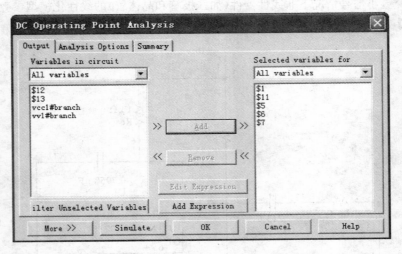

图 3-3 "DC Operating Point Analysis"对话框

(3) 编辑公式。单击"Add Expression"按钮,弹出编辑公式对话框。在 Variables 列表框中,选择结点 5,单击"Copy Variable to Expression"按钮;在 Functions 列表框中,选择"-",单击"Copy Function to Expression"按钮;同样,选择结点 6,则 Expression 文本框中显示"$5-$6"(结点 5 和 6 之间的电位差),如图 3-4 所示。单击"OK"按钮,完成公式编辑,如图 3-5 所示。通过编辑公式,可实现结点电压的相减和其他运算。

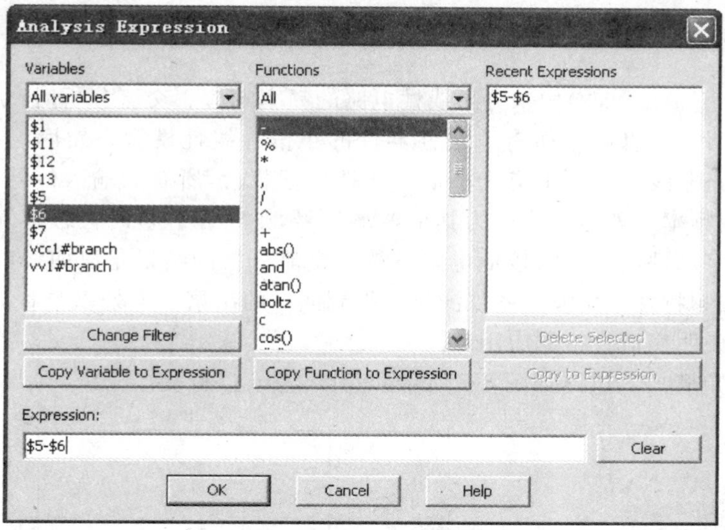

图 3-4　编辑公式对话框

（4）仿真分析。在图 3-5 中，单击"Simulate"按钮，直流工作点分析结果如图 3-6 所示。

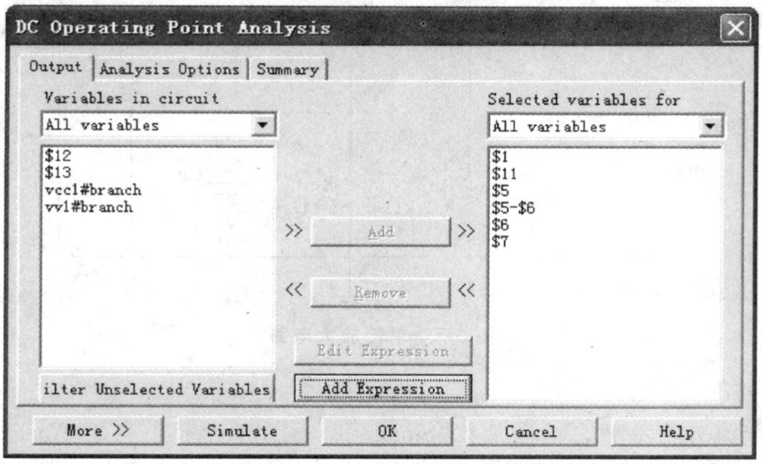

图 3-5　加入公式编辑的结点

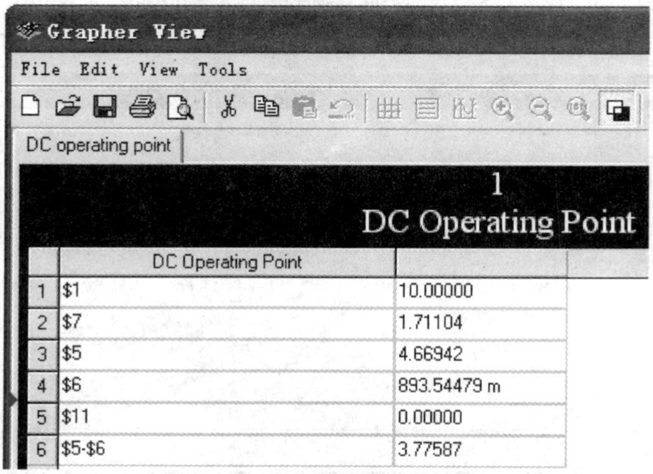

图 3-6　直流工作点分析结果

The DC Operating Point results table:

	DC Operating Point	
1	$1	10.00000
2	$7	1.71104
3	$5	4.66942
4	$6	893.54479 m
5	$11	0.00000
6	$5-$6	3.77587

3.1.2 交流分析

交流分析(AC Analysis)用来分析线性电路的频率响应。交流分析时,仿真软件首先计算电路的直流工作点,以确定所有非线性器件的小信号线性模型。然后,生成一个复杂矩阵,用于分析电路非线性器件用交流小信号线性模型替代,所有的输入信号当作正弦量,并忽略输入信号的频率。若输入信号为其他波形信号,则它在分析时会被自动替换为正弦信号,电路中的数字部件当作大的接地电阻看待。交流分析的结果是以曲线的形式显示电路的幅频特性和相频特性。用波特图仪测量可得到同样的结果。本处以单管放大电路的频率响应分析为例,说明交流分析的应用。

【例 3-2】 单管放大电路如图 3-7 所示,对其结点 6 进行交流分析。

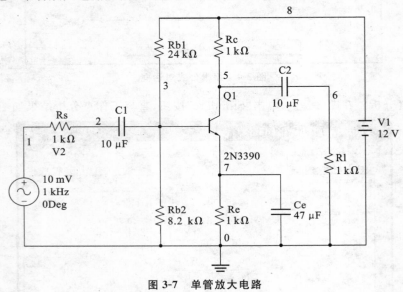

图 3-7　单管放大电路

操作步骤如下。

(1) 设置交流分析参数。选择菜单"Simulate"→"Analyses"→"AC Analysis"命令,弹出"AC Analysis"对话框,如图 3-8 所示。在 Frequency Parameters 选项卡中确定电路 FSTART(起始频率)、FSTOP(终止频率)、Sweep type(扫描类型)、Number of points per(每单位刻度取样点数)和 Vertical scale(纵坐标刻度选择)。在 Output 选项卡中确定需分析的结点为 6。

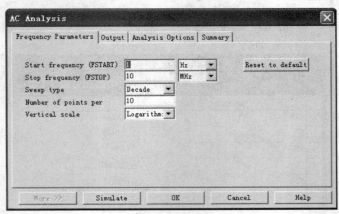

图 3-8　"AC Analysis"对话框

（2）仿真分析。在图 3-8 所示对话框中，单击"Simulate"按钮，交流分析结果如图 3-9 所示。

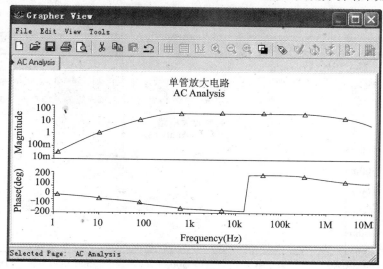

图 3-9　交流分析结果

3.1.3　瞬态分析

瞬态分析（Transient Analysis）也叫时域暂态分析，是指对所选定的电路结点的时域响应进行分析，即观察该结点在整个显示周期中每一时刻的电压波形。进行瞬态分析时，直流电源保持常数。交流信号源随着时间而改变，是一个时间函数。本处以图 3-7 所示的单管放大电路为例，说明瞬态分析的应用。

【例 3-3】　单管放大电路如图 3-7 所示，对其结点 6 进行瞬态分析。

操作步骤如下。

（1）设置瞬态分析参数。选择菜单"Simulate"→"Analyses"→"Transient Analysis"命令，弹出"Transient Analysis"对话框，如图 3-10 所示。在 Analysis Parameters 选项卡中设置电路 Initial Conditions（初始条件，本处选择自动获得初始条件）、Start time（起始时间）、End time（终止时间）和 Maximum time step settings（最大时间步长，本处选择自动获得时间步长）。在 Output 选项卡中确定需分析的结点为 6。

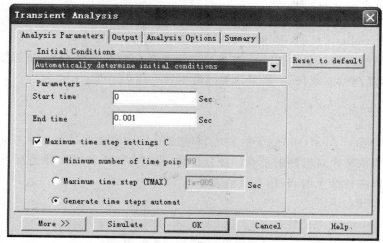

图 3-10　"Transient Analysis"对话框

　　(2) 仿真分析。在图 3-10 所示对话框中,单击"Simulate"按钮,瞬态分析结果如图 3-11所示。

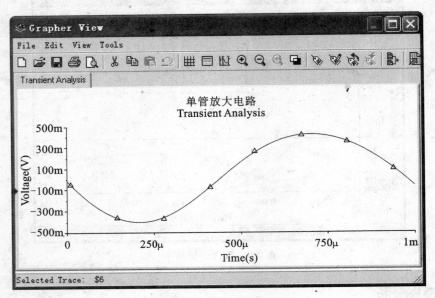

图 3-11　瞬态分析结果

3.1.4　傅里叶分析

　　傅里叶分析(Fourier Analysis)是求解时域信号的直流分量、基波分量和各次谐波分量的幅值,即进行离散傅里叶变换。

　　在进行傅里叶分析时,必须先在对话框里选择一个输出结点,分析从这个结点获得的电压波形。分析还需要一个基本频率,一般将电路中的交流激励源的频率设定为基频,若在电路中有几个交流源,则基频将是这些频率的最小公因数。

　　傅里叶分析步骤如下。

　　(1) 在 Multisim 9 上创建电路。

　　(2) 选择菜单"Simulate"→"Analyses"→"Fourier Analysis"命令。

　　(3) 确定被分析的电路结点。

　　(4) 根据对话框的要求,设置参数。

　　(5) 单击"Simulate"按钮,显示出被分析结点的傅里叶波形。

　　傅里叶分析结果可以显示被分析结点的电压幅频特性和相频特性,显示的幅值可以是离散型,也可以是连续曲线型,一般默认为离散型。

3.1.5　噪声分析

　　噪声分析(Noise Analysis)用于检测电路输出信号噪声功率的幅值大小,用于计算、分析电阻或晶体管的噪声对电路的影响。在分析时,假定电路中各噪声源是互不相关的,总的噪声是所有噪声在该结点的和(用有效值表示)。

　　噪声分析步骤如下。

　　(1) 在 Multisim 9 上创建电路。

　　(2) 选择菜单"Simulate"→"Analyses"→"Noise Analysis"命令。

（3）确定被分析的电路结点和输入噪声源。

（4）根据对话框的要求，设置参数。

（5）单击"Simulate"按钮，显示出被分析结点的噪声分布曲线。

3.1.6　失真分析

失真分析（Distortion Analysis）是分析电路中的谐波失真和内部调制失真，该分析方法主要用于观察在瞬态分析中无法看到的、比较小的失真。

失真分析步骤如下。

（1）在 Multisim 9 上创建电路。

（2）选择菜单"Simulate"→"Analyses"→"Distortion Analysis"命令。

（3）确定被分析的电路结点和输入信号源。

（4）根据对话框的要求，设置参数。

（5）单击"Simulate"按钮，显示出被分析结点的失真曲线。

另外，还有几种高级分析方法，它们分别是直流扫描分析、灵敏度分析、参数扫描分析、温度扫描分析、零极点分析、传递函数分析、最坏情况分析、蒙特卡罗分析、轨迹宽度分析、批处理分析、用户自定义分析和射频分析，在使用时介绍。

3.2　Multisim 9 在电路中的应用

3.2.1　结点分析法的仿真

结点分析法以电路的独立结点的电压为变量，求出电路中相对于参考结点的各独立结点电压，进而求出指定支路的电压和电流。但当电路的结点较多时，计算需要求解的多元方程组，而利用 Multisim 中提供的分析方法或测量仪器，可以方便地测得各结点电压。

【例 3-4】　用 DC Operation Point（静态工作点）分析法和虚拟仪器法分别测量输出电压 Uo，电路图如图 3-12 所示。

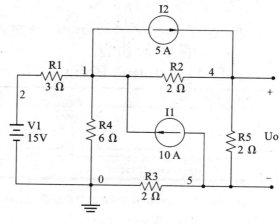

图 3-12　电路图

1. 用 DC Operation Point（静态工作点）分析法

（1）创建电路图。

（2）放置字符。选择菜单"Place"→"Text"命令，在电路图 3-12 中放置＋、－和 Uo
字符。

（3）结点编号。选择菜单"Options"→"Sheet Properties"命令，弹出"Sheet Properties"
对话框。在 Net Names 栏中，选择 Show All，单击"OK"按钮，如图 3-13 所示。编号时，软件
自动将接地结点编为 0 号结点，如图 3-12 所示。

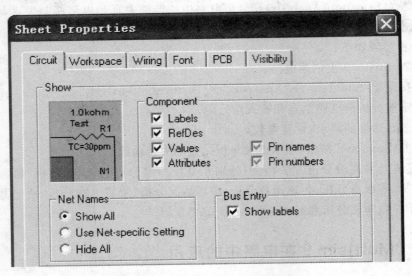

图 3-13 "Sheet Properties"对话框

（4）仿真分析。选择菜单"Simulate"→"Analyses"→"DC Operating Point"命令，以结
点 4 作为输出结点，分析结果如图 3-14 所示。4 号结点电压为 15 V，则电路输出电压 $U_o=$
15 V。

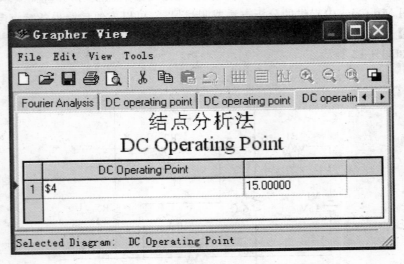

图 3-14 DC Operating Point 的分析结果

2. 用虚拟仪器直接测量结点电压

在虚拟仪器库中选用万用表，将其和电路的输出端相连，单击运行按钮，双击万用表，选
择电压挡，可得到输出电压 $U_o=$ 15 V，如图 3-15 所示。

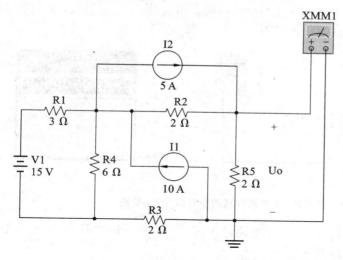

图 3-15   接入万用表的电路图和 U_o 的值

3.2.2   叠加定理的仿真

叠加定理是电路理论中的重要定理,可用 Multisim 验证。叠加定理是指在线性电路中,电路的总响应等于各个独立源单独作用时引起的响应分量的代数和。

叠加定理是线性电路的一个重要定理,应用时要注意以下两点。

(1) 不适用非线性电路。

(2) 不作用的电压源置零,用短路代替;不作用的电流源置零,用开路代替。

【例 3-5】   验证叠加定理,电路图如图 3-16 所示。

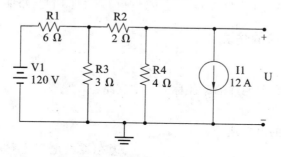

图 3-16   电路图(例 3-5)

验证步骤如下。

(1) 接入万用表,按下仿真开关,双击万用表图标,测得 $U = -4\ \text{V}$,如图 3-17 所示。

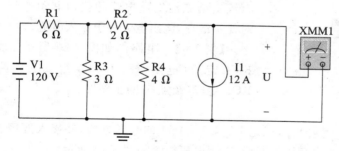

图 3-17   接入万用表的电路图和 U 的值

(2) 电压源 V1 单独作用,将电流源 I1 开路,接入万用表,按下仿真开关,双击万用表图标,测得 $U1 = 20$ V,如图 3-18 所示。

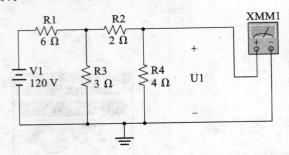

图 3-18 电压源 V1 单独作用的电路图和 U1 的值

(3) 电流源 I1 单独作用,将电压源 V1 短路,接入万用表,按下仿真开关,双击万用表图标,测得 $U2 = -24$ V,如图 3-19 所示。

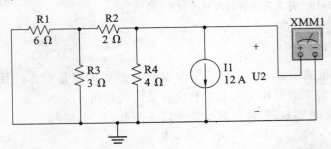

图 3-19 电流源 I1 单独作用的电路图和 U2 的值

(4) $U1 + U2 = 20$ V $+ (-24$ V$) = -4$ V,所以 $U = U1 + U2$,验证了叠加定理。

3.2.3 基尔霍夫定律的仿真

先介绍三个概念。

支路:把组成每个二端元件的路径称为一条支路。

结点:支路的连接点。

回路:由支路构成的闭合路径。

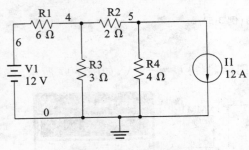

图 3-20 电路图(例 3-6)

基尔霍夫电压定律(KVL):对任一回路,所有支路电压的代数和恒等于 0。需规定回路绕行方向和各支路电压的参考方向。

基尔霍夫电流定律(KCL):对任一结点,所有流出结点的支路电流的代数和恒等于 0,即对任一结点,流出电流等于流入电流。

【例 3-6】 电路图如图 3-20 所示。验证:KVL 定律(电阻 R2、R3、R4 组成的回路)和 KCL 定律(结点 5)的正确性。

操作步骤如下。

(1) 规定回路的绕行方向为逆时针,规定 U2、U3 和 U4 的参考方向,并接入万用表,如图 3-21 所示。按下仿真开关,双击万用表图标,得到电压结果如图 3-22 所示。

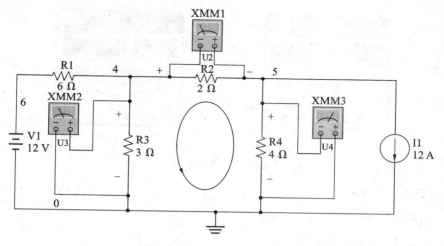

图 3-21 规定回路绕行方向和电压参考方向的电路图

(a) 电压U2

(b) 电压U3

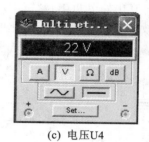

(c) 电压U4

图 3-22 电压结果

（2）对于 R2、R3 和 R4 构成的回路，有 $U2+U3+U4=-13\text{ V}+(-9\text{ V})+22\text{ V}=0$，验证了 KVL 定律的正确性。

（3）规定 R2 所在支路的电流为 I2 并流入结点 5；R4 所在支路的电流为 I4 并流入结点 5。在支路 R2 和 R4 上分别串联两个万用表，如图 3-23 所示。按下仿真开关，双击万用表图标，调到电流挡，得到的电流结果如图 3-24 所示。

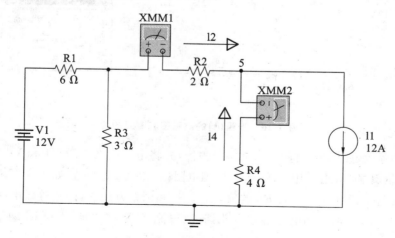

图 3-23 串联两个万用表

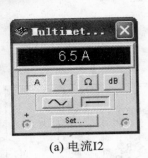

(a) 电流I2

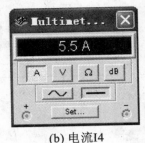

(b) 电流I4

图 3-24　电流结果

（4）对于结点 5，流入的电流 $I2+I4=6.5\ \text{A}+5.5\ \text{A}=12\ \text{A}$；流出的电流 $I1=12\ \text{A}$，有 $I2+I4=I1$，验证了 KCL 定律的正确性。

3.2.4　戴维南定理的仿真

在电路分析中，戴维南定理很重要，利用戴维南定理可将有源二端网络表示为电压源和等效电阻的串联，从而简化电路，给电路分析带来方便。

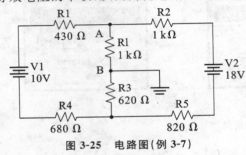

图 3-25　电路图（例 3-7）

【例 3-7】　电路图如图 3-25 所示。图中结点 A、B 作为有源二端网络的内、外分界点，求该电路的戴维南等效电路。

操作步骤如下。

（1）测量开路电压 U_{oc}。将 Rl 从电路中去掉，接入万用表，按下仿真开关，双击万用表的图标，得到 U_{oc} 的值，如图 3-26 所示。

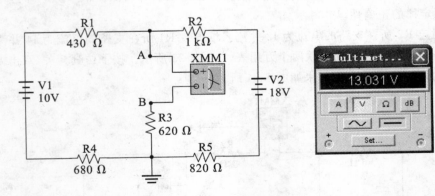

图 3-26　步骤（1）的电路图和 U_{oc} 的值

（2）测量等效电阻 R_o。将 Rl 从电路中去掉，并将电路中电压源 V1 和 V2 短路，接入万用表，按下仿真开关，双击万用表的图标，调到电阻挡，得到 R_o 的值，如图 3-27 所示。

（3）等效电路。根据 U_{oc} 和 R_o 的值，接入 Rl 和两个万用表，画出等效电路。按下仿真开关，双击万用表，分别调到电压挡和电流挡，测得流经 Rl 的电流 $I1$ 和 Rl 两端电压 $U1$，如图 3-28 所示。

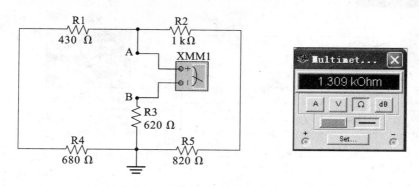

图 3-27 步骤(2)的电路图和 R_o 的值

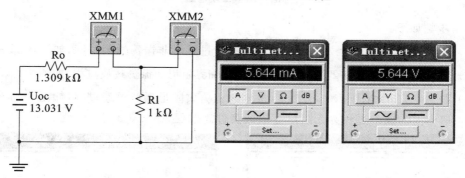

图 3-28 步骤(3)的电路图和 I、U 的值

（4）结果验证。在图 3-25 中接入两个万用表，如图 3-29 所示。按下仿真开关，双击万用表，分别调到电压挡和电流挡，测得流经 R1 的电流 $I1$ 和 R1 两端电压 $U1$，如图 3-30 所示。结果表明，$I1$ 近似等于 I，$U1$ 近似等于 U。验证了戴维南等效电路的求法。

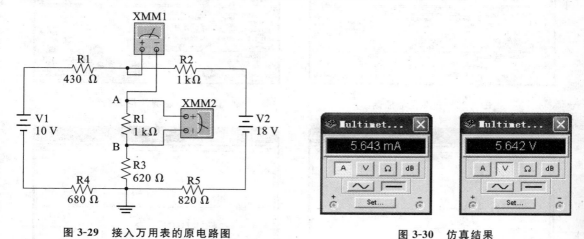

图 3-29 接入万用表的原电路图

图 3-30 仿真结果

3.2.5 电路过渡过程的仿真

当电路中含有电容或电感时，电路发生换路（电路结构改变或元件参数变化）会出现过渡过程，即暂态，可分为过阻尼、临界阻尼、欠阻尼和无阻尼四种不同的过渡状态。

【例 3-8】 在二阶电路中，按 Space 键，首先将开关切换到左触点，让电容充电，获得初始储能；再将开关切换到右触点，用示波器观察电容和电感的充放电过程，如图 3-31 所示。

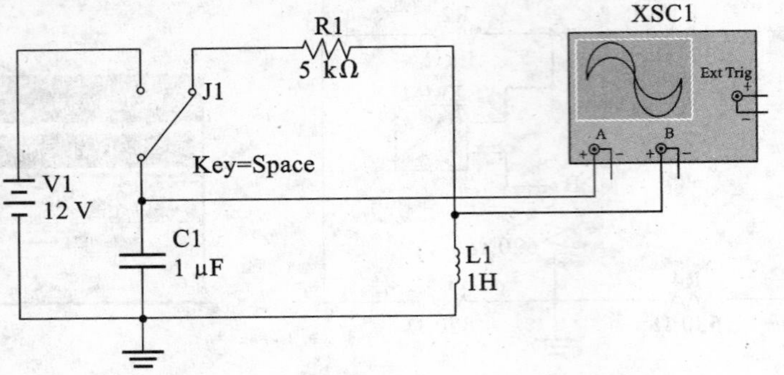

图 3-31　二阶电路

操作步骤如下。

(1) 取 $R=5$ kΩ，则 $R>2\sqrt{L/C}$，放电过程为过阻尼非振荡过渡过程，如图 3-32 所示。

(2) 取 $R=2$ kΩ，则 $R=2\sqrt{L/C}$，放电过程为临界阻尼非振荡过渡过程，如图 3-33 所示。

(3) 取 $R=0.5$ kΩ，则 $R<2\sqrt{L/C}$，放电过程为欠阻尼振荡过渡过程，如图 3-34 所示。

(4) 取 $R=0$，放电过程为无阻尼等幅振荡过渡过程，如图 3-35 所示。

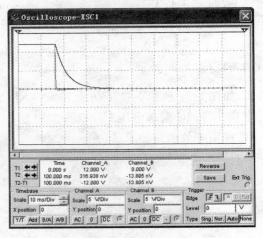

图 3-32　过阻尼非振荡

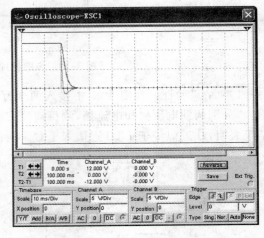

图 3-33　临界阻尼非振荡

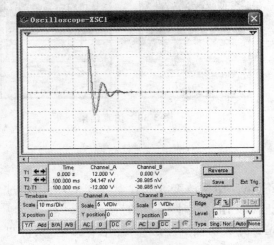

图 3-34　欠阻尼振荡

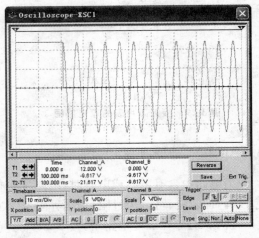

图 3-35　无阻尼等幅振荡

在二阶 RLC 电路中,电阻 R 是耗能元件,振荡曲线随电阻的大小而不同。该仿真过程直观地分析了二阶电路在不同参数下的过渡过程。

3.2.6 三相电路的仿真

电力系统中电能的生产、传输和供电方式大多数都采用三相制。三相电力系统是由三相电源、三相负载和三相输电线三部分组成。三相电路是电路理论中的一项重要内容,用 Multisim 软件对其仿真,一方面验证并加深理解三相电路理论,另一方面使读者初步了解三相电路的仿真方法。

【例 3-9】 从元器件库选择电压源 V1、V2、V3,设定电压有效值为 220 V,相位分别为 0°、−120°、120°,频率均为 50 Hz。选择万用表,将其"＋"和"－"两个输入端子分别接入电源的中性点和负载的中性点;选择四通道示波器,A 通道用红色线接入 V1,B 通道用绿色线接入 V2,C 通道用蓝色线接入 V3,创建对称三相电路,如图 3-36 所示。

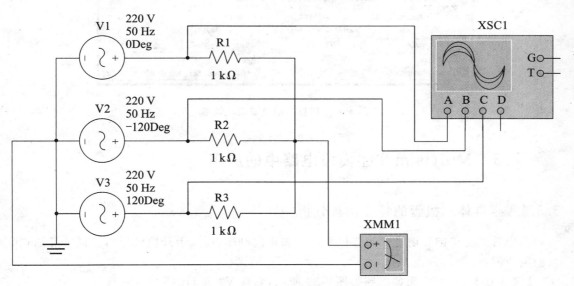

图 3-36　对称三相电路

操作步骤如下。

(1) 中线电流的测量。按下仿真开关,双击万用表,选择电流挡,得到电流为 0,如图3-37所示。这说明在图 3-36 所示的对称三相电路中,电源中性点和负载中性点是等电位的。

(2) 对称三相电源电压测量。按下仿真开关,双击四通道示波器,通过示波器旋钮,将示波器的纵坐标刻度设定为 200 V/Div,观察电压波形,如图 3-38 所示。

图 3-37　三相电路中线电流

结果表明,三相电压幅值相同,都为 220 V(有效值)。用鼠标拖动示波器上的红色指针到 A 相峰值处,标尺显示 A 通道电压的最大值为 311.127 V;三相电压的相位差均为 120°,从电压幅值和相位来看,反映了三相电源的基本特征,结果和理论分析一致。

图 3-38　对称三相电源电压波形

3.3　Multisim 9 在模拟电路中的应用

3.3.1　半导体二极管的特性仿真分析

二极管具有单向导电性。当二极管两端加正向电压(需大于开启电压),二极管导通;加反向电压时,二极管截止。

【例 3-10】　二极管限幅电路如图 3-39 所示,测量 V1 和 D1 两端的波形。

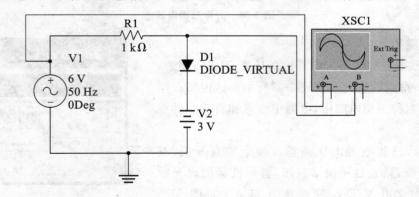

图 3-39　二极管限幅电路

按下仿真开关,双击双踪示波器的图标,得到二极管限幅电路的波形。A 通道是完整的正弦波,B 通道是经过二极管限幅后的波形,如图 3-40 所示。

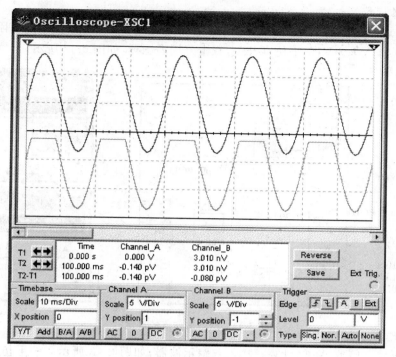

图 3-40　V1 和 D1 的波形

3.3.2　单管共射放大电路的仿真分析

　　单管放大电路是放大电路的基础,也是模拟电路的基础。放大电路要实现不失真放大,必须设置合适的静态工作点。单管放大电路的信号适用范围是低频小信号,因此,即便静态工作点合适,如果输入信号太大,也会造成输出信号失真。电压放大倍数、输入电阻和输出电阻是分析放大电路的核心指标。

　　本节以单管共射放大电路为例,通过分析静态工作点、电压放大倍数、输入电阻和输出电阻,一方面掌握在 Multisim 中模拟放大电路的基本分析方法,另一方面可加深对放大电路性能的理解,动态直观地理解不同参数对放大电路性能指标的影响。

　　【例 3-11】　单管共射放大电路如图 3-41 所示。

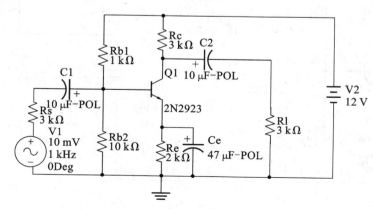

图 3-41　单管共射放大电路

操作步骤如下。

（1）确定电路的静态工作点。在图 3-41 所示电路中接入万用表，调节电阻 Rb1 的值，使 $I_c \approx 1.6$ mA，$V_o \approx 7$ V，按下仿真开关，双击万用表图标，如图 3-42 所示。

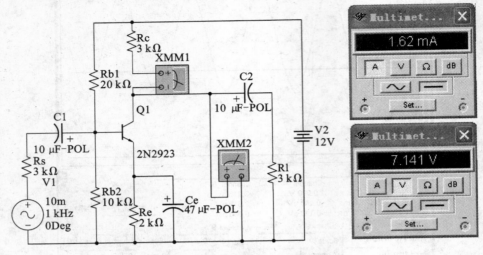

图 3-42　静态工作点的确定

（2）电压放大倍数 Au 的计算。接入双踪示波器，如图 3-43 所示。按下仿真开关，双击双踪示波器，得到输入输出波形，如图 3-44 所示。根据标尺 1 的位置，输入信号幅值为 14.039 mV，输出信号幅值为 -465.524 mV，且输出电压没有失真，则电压放大倍数 Au$= -465.524/14.039 = -33.16$。

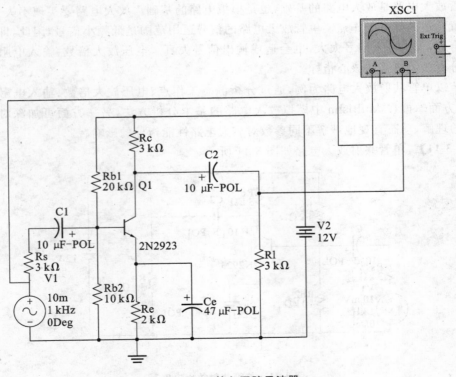

图 3-43　接入双踪示波器

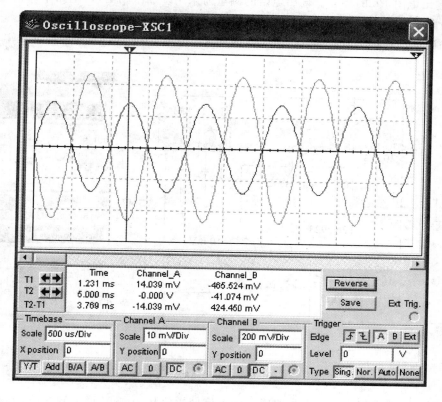

图 3-44　输入输出波形

（3）输入电阻 R_i 的计算。在图 3-41 所示电路中的输入回路接入万用表,按下仿真开关,双击万用表图标,得到输入电压和输入电流,如图 3-45 所示。输入电阻 $R_i = 3.882 / 2.049 = 1.89$ kΩ。

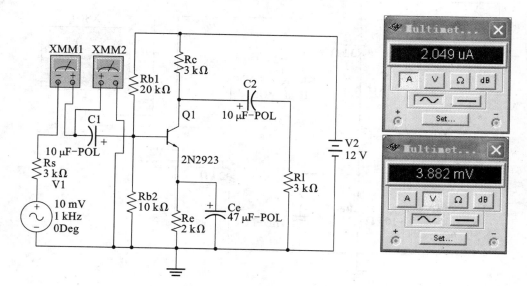

图 3-45　输入电阻的计算

（4）输出电阻 Ro 的计算。输出电阻的测量需采用外加激励法，将电路中的信号源置零（输入端短路），负载 Rl 开路，在输出端接入电压源和万用表，按下仿真开关，双击万用表图标，得到输出电压和输出电流，如图 3-46 所示。输出电阻 $Ro=10/3.725=2.68\ \mathrm{k\Omega}$。

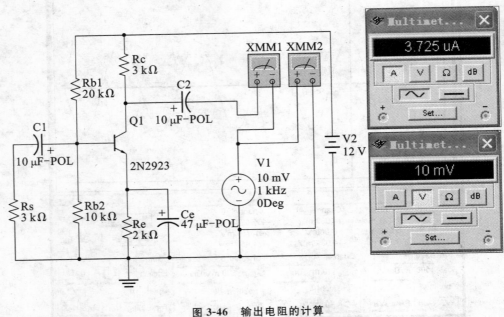

图 3-46　输出电阻的计算

（5）用示波器观察非线性失真波形。输入信号幅值从 10 mV 增大到 70 mV，接入双踪示波器，如图 3-47 所示。按下仿真开关，双击示波器，输入输出波形如图 3-48 所示。结果表明，增加输入信号幅值，可导致输出电压信号削顶失真。

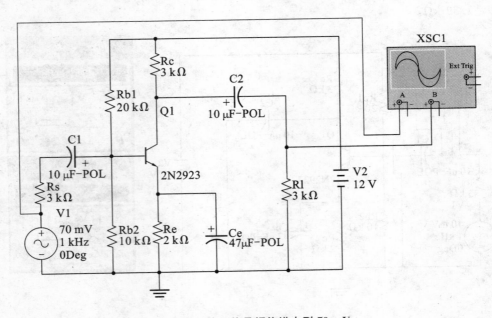

图 3-47　输入信号幅值增大到 70 mV

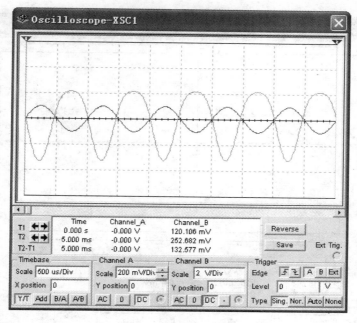

图 3-48　输入输出波形

3.3.3　运算放大电路的仿真分析

　　集成运算放大器是一种高放大倍数、高输入电阻和低输出电阻的直接耦合放大电路,可以在很宽的信号频率范围内对信号进行放大、运算和处理。运用 Multisim 软件对运算放大器的各类应用电路进行仿真非常方便。

　　1. 比例运算电路

　　【例 3-12】　反相比例运算电路如图 3-49 所示。按下仿真开关,双击示波器图标,测量的输入输出波形如图 3-50 所示。

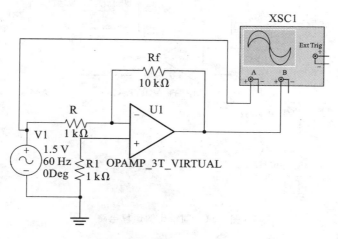

图 3-49　反相比例运算电路

　　从波形上看,输入输出是反相位,符合反相比例运算规律。标尺 1 所在处,A 通道输入信号幅值为-2.066 V,B 通道输出信号幅值为 20.664 V,输出输入比例为-10。由反相比例运算电路理论计算可知,输出输入比例为$-Rf/R=-10$。

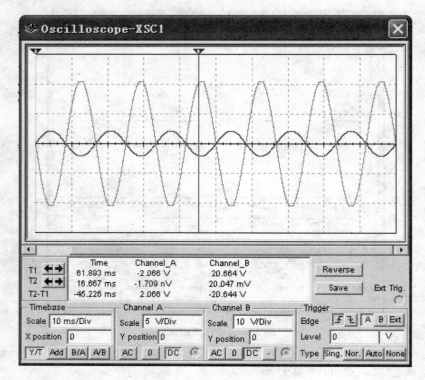

图 3-50　输入输出波形

【例 3-13】　同相比例运算电路如图 3-51 所示。按下仿真开关,双击示波器图标,测量的输入输出波形如图 3-52 所示。

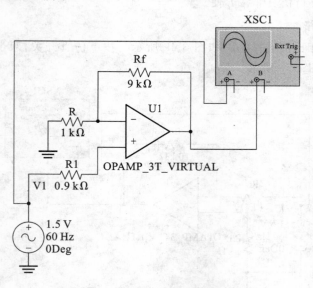

图 3-51　同相比例运算电路

从波形上看,输入输出是同相位,符合同相比例运算规律。标尺 1 所在处,A 通道输入信号幅值为 2.022 V,B 通道输出信号幅值为 20.221 V,输出输入比例为 10。由同相比例运算电路理论计算可知,输出输入比例为 $1+Rf/R=10$。

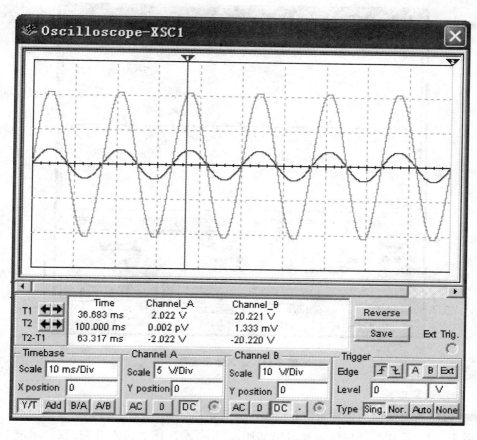

图 3-52　输入输出波形

【例 3-14】　电压跟随器运算电路运算电路如图 3-53 所示。按下仿真开关，双击示波器图标，测量的输入输出波形如图 3-54 所示。

从波形上看，输出波形和幅值始终和输入波形和幅值保持完全一致。

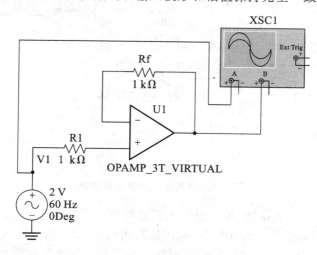

图 3-53　电压跟随器运算电路

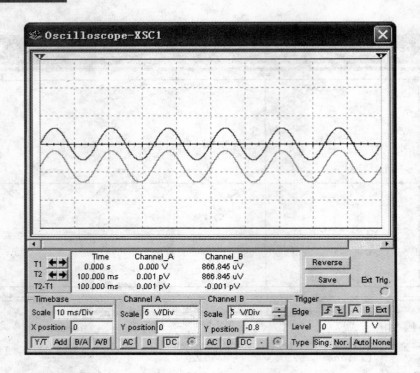

图 3-54　输入输出波形

2. 加法运算电路

本节以反相比例加法运算为例介绍加法运算电路。

【例 3-15】 反相比例加法运算电路如图 3-55 所示。按下仿真开关,双击示波器图标,测量的输入输出波形如图 3-56 所示。

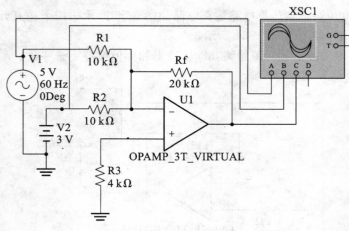

图 3-55　反相比例加法运算电路

从波形上看,标尺 1 所在处,A 通道输入信号幅值为 7.042 V,B 通道输入信号幅值为 3 V,C 通道输出信号幅值为−20.081 V,输出输入比例为−2。两个输入信号的和再 2 倍取反,即为输出信号,符合反相比例加法运算规律。由反相比例加法运算电路理论计算可知,

$$u_\circ = -\left(\frac{Rf}{R1}V1 + \frac{Rf}{R2}V2\right) = -2(V1+V2)。$$

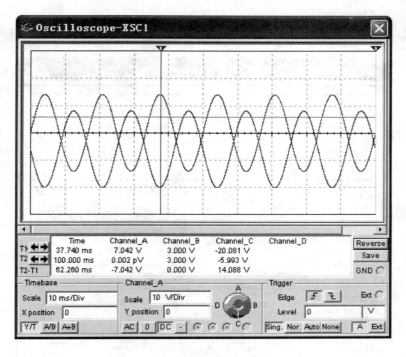

图 3-56 输入输出波形

3. 电压比较器

1）过零比较器

过零比较器的阈值为 0，当输入电压 $u_i > 0$ 时，输出电压 $u_o = +U$；当输入电压 $u_i < 0$ 时，输出电压 $u_o = -U$。

【例 3-16】 过零比较器运算电路如图 3-57 所示。按下仿真开关，双击示波器图标，测量的输入输出波形如图 3-58 所示。

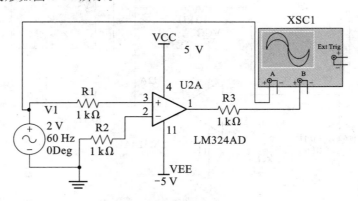

图 3-57 过零比较器运算电路

从波形上看，过零比较器可将正弦波变换为方波。

在过零比较器中，输入电压在阈值电压附近的任何微小变化，都将引起输出电压的跃变，不管这种微小变化是来源于输入信号还是外部干扰。因此，过零比较器虽然灵敏，但抗干扰能力差。

2）滞回比较器

滞回比较器具有滞回特性,即具有惯性,因而具有一定抗干扰能力,电路中引入了正反馈。

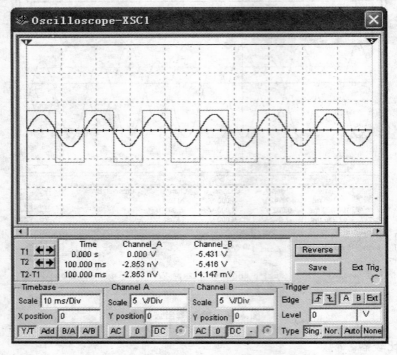

图 3-58　输入输出波形

【例 3-17】　滞回比较器运算电路如图 3-59 所示。按下仿真开关,双击示波器图标,单击"B/A"按钮,得到滞回比较器的电压特性,如图 3-60 所示。

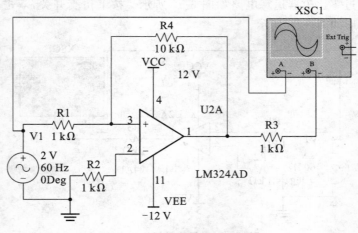

图 3-59　滞回比较器运算电路

4. 积分、微分运算电路

积分运算和微分运算互为逆运算。在自动控制系统中,常用积分电路和微分电路作为调节环节。此外,它们还广泛应用于波形的产生和变换以及仪器仪表之中。以集成运放作为放大电路,利用电阻和电容作为反馈网络,可以实现这两种运算电路。

在积分实用电路中,为了防止低频信号增益过大,常在电容上并联一个电阻加以限制。

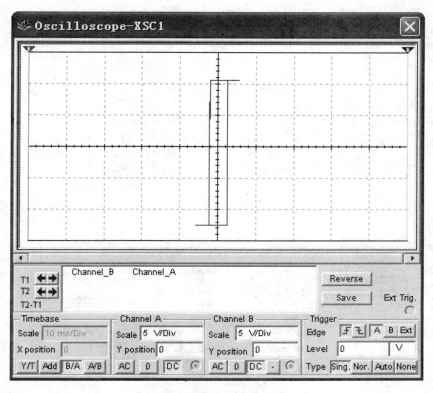

图 3-60 滞回比较器的电压特性

当参数合适时,积分运算电路可以完成方波到三角波的转换功能。改变积分时间常数,可改变输出三角波的斜率和幅值。

【例 3-18】 积分运算电路如图 3-61 所示。图 3-61 中给出了函数发生器的参数设置。观察输入输出波形。

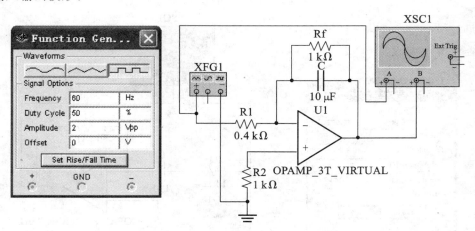

图 3-61 积分运算电路

按下仿真开关,双击示波器图标,输入输出波形如图 3-62 所示。

读者也可将输入信号改为正弦信号源,仿真结果显示输出波形也为正弦波,相位超前输入 90°,即输出输入满足反相积分运算。

在微分实用电路中,在输入端串联一个小阻值的电阻,以限制输入电流。当参数合适

EDA 技术

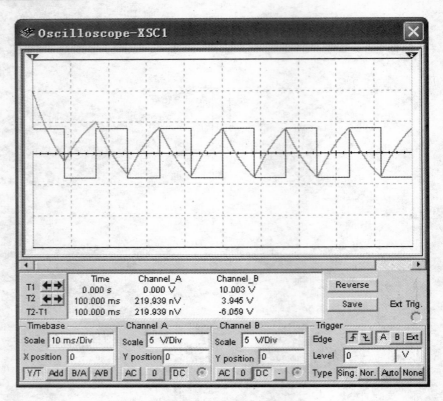

图 3-62 输入输出波形

时,微分运算电路可以完成方波到尖脉冲的转换功能。改变微分时间常数,可改变输出尖脉
冲的宽度。

【例 3-19】 微分运算电路如图 3-63 所示。图 3-63 中,给出了函数发生器的参数设置。
观察输入输出波形。

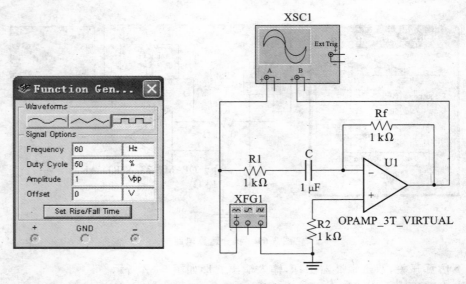

图 3-63 微分运算电路

按下仿真开关,双击示波器图标,输入输出波形如图 3-64 所示。

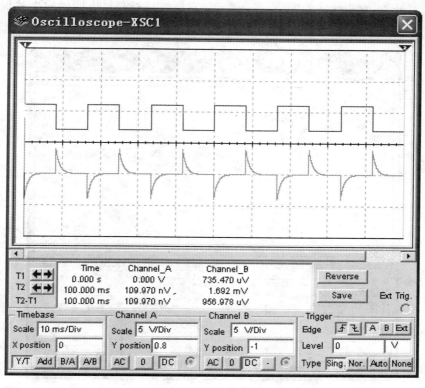

图 3-64　输入输出波形

　　读者也可将输入信号改为正弦信号源,仿真结果显示输出波形也为正弦波,相位滞后90°,即输出输入满足反相微分运算关系。

3.3.4　正弦波振荡电路的仿真分析

　　正弦波振荡电路是一种有选频网络和正反馈网络的放大电路,其自激振荡的条件是闭路增益为1,即 $A \times F = 1$(其中,A 为电路的放大倍数,F 为反馈系数)。为了使电路能起振,应使 $A \times F$ 略大于1。RC 桥式正弦波振荡电路正常工作时,$A = 3$,$F = 1/3$,要使电路能起振,A 必须略大于3,当 A 太大时,尽管电路容易起振,但输出波形会出现严重失真。

　　【例 3-20】　RC 桥式正弦波振荡电路如图 3-65 所示。

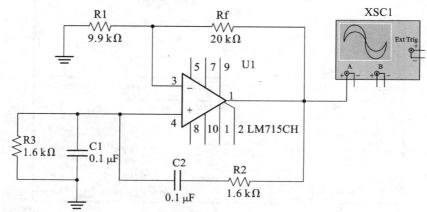

图 3-65　RC 桥式正弦波振荡电路

按下仿真开关,双击示波器图标,可观察到经过一段时间后,电路的输出波形是由小到大逐渐建立起来的。稳定后的输出波形如图 3-66 所示。

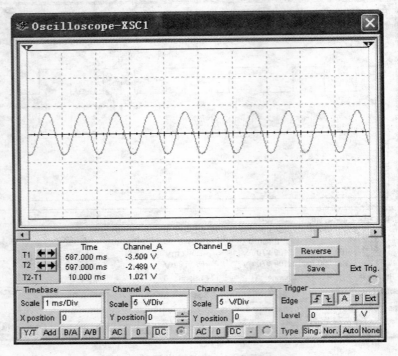

图 3-66　稳定后的输出波形

若将 $R1$ 由 $9.9\ \text{k}\Omega$ 改为 $9\ \text{k}\Omega$,则 $A \times F$ 增加。再次打开仿真开关,可以发现电路起振时间明显缩短,但输出波形失真明显,其波形如图 3-67 所示。

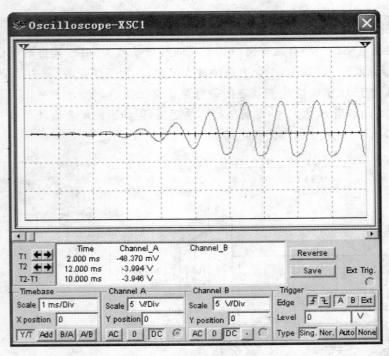

图 3-67　改变 $R1$ 后的输出失真波形

3.3.5 直流稳压电源电路的仿真分析

直流稳压电源在电子线路中应用极为广泛,几乎所有的电子线路中都要用到直流稳压电源。有些电子系统对直流稳压电源的性能要求还非常高。直流稳压电源电路通常由整流电路、滤波电路和稳压电路构成。

【例 3-21】 半波整流电路如图 3-68 所示。观察输入输出波形。

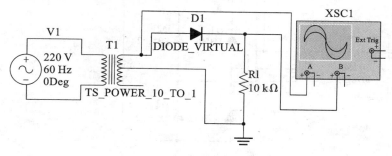

图 3-68 半波整流电路

按下仿真开关,双击并调节示波器,输入输出波形如图 3-69 所示。从波形可以看出,输出电压波形只利用了正弦波的半个周期波形,纹波系数较大。变压器的利用率也较低。当负载较小,需提供的能量较小,同时对电压波形要求不太高时,可采用半波整流电源。

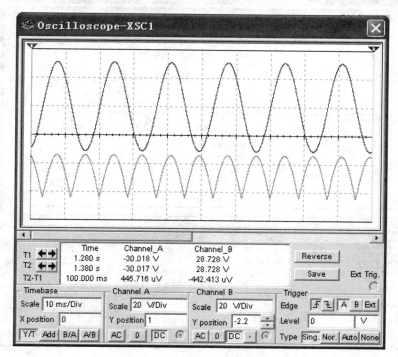

图 3-69 半波整流输入输出波形

【例 3-22】 桥式整流电路如图 3-70 所示。观察输入输出波形。

按下仿真开关,双击并调节示波器,输入输出波形如图 3-71 所示。从波形可以看出,输出电压波形利用了正弦波的整个周期波形,变压器的利用率也较半波整流电路提高了。但是输出电压平均值较低,而且电压波形的纹波系数仍较大。为此,整流后的电路需增加电容滤波。

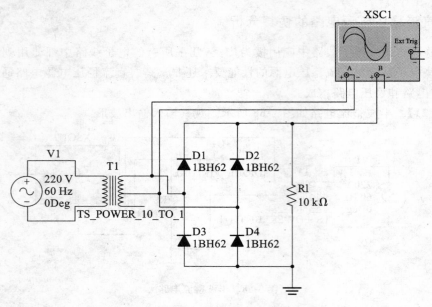

图 3-70　桥式整流电路

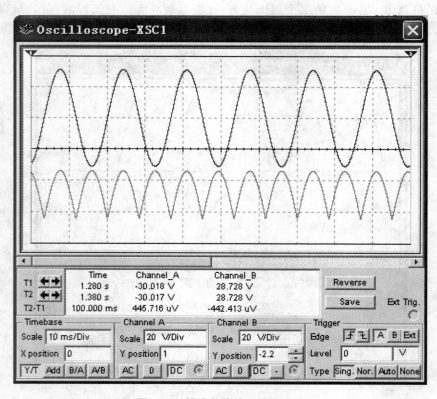

图 3-71　桥式整流输入输出波形

【例 3-23】　桥式整流滤波电路如图 3-72 所示。观察输入输出波形。

按下仿真开关,双击并调节示波器,输入输出波形如图 3-73 所示。从波形可以看出,输出电压平均值明显上升了,而且电压波形的纹波系数明显减小了。电容滤波后的电路简单且效果好。

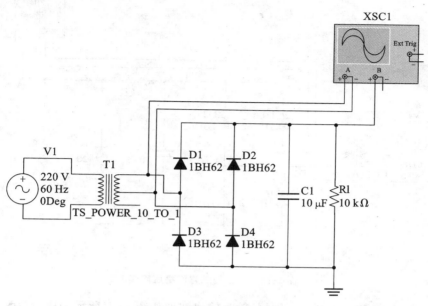

为了进一步降低直流电压的纹波系数,而且在负载变化和电网波动时也能保持直流电压的相对稳定,需要稳压电路。

图 3-72　桥式整流滤波电路

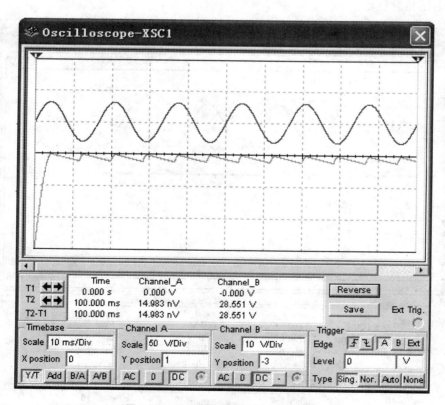

图 3-73　桥式整流滤波输入输出波形

【例 3-24】　桥式整流滤波稳压电路如图 3-74 所示。观察输入输出波形。

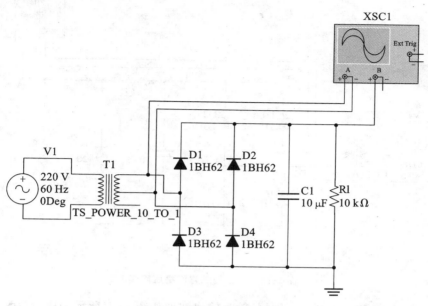

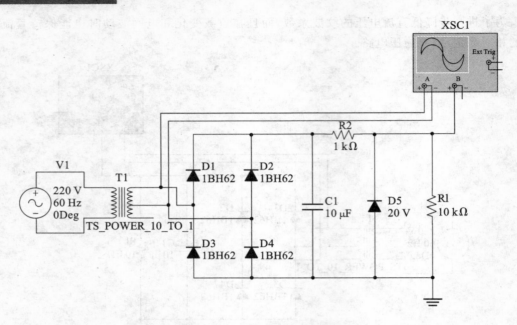

图 3-74　桥式整流滤波稳压电路

按下仿真开关,双击并调节示波器,输入输出波形如图 3-75 所示。从波形可以看出,输出的直流电压相对稳定。

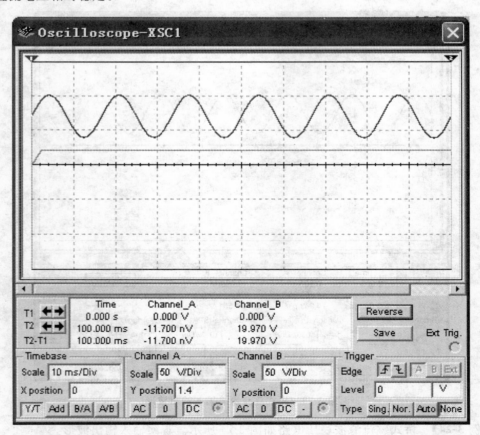

图 3-75　桥式整流滤波稳压输入输出波形

3.4 Multisim 9 在数字电路中的应用

3.4.1 逻辑函数的化简

逻辑函数的化简在数字电路的分析和设计中非常重要,逻辑表达式越简单,它所表示的逻辑关系越明显,同时也有利于用最少的电子器件实现这个逻辑函数。Multisim 中提供的逻辑转换仪可方便实现逻辑函数的化简,得到逻辑函数的最简表达式。本处以含无关项的逻辑函数化简为例,说明其化简过程。

【例 3-25】 用逻辑转换仪化简 $Y = \sum m(5,6,7,8,9) + d(10,11,12,13,14,15)$。

操作步骤如下。

(1) 调出逻辑转换仪,双击其图标。用鼠标单击变量 A、B、C、D,变量上的圆圈变白,此时,输出全用"?"显示,如图 3-76 所示。

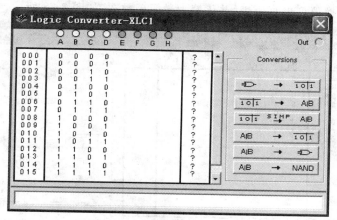

图 3-76 单击输入变量后

(2) 单击"?",选择 0、1 或×。0 表示函数式中不存在的最小项;1 表示函数式中存在的最小项;×表示函数式的无关项,得到函数式对应的真值表,如图 3-77 所示。

(3) 单击 `1 0 1 SIMP A|B` 按钮,得到函数式所对应的最简与或式,如图 3-77 下部的文本框中。

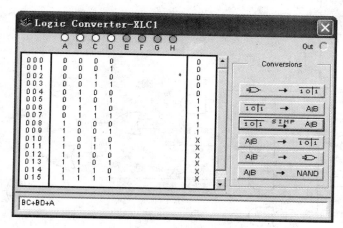

图 3-77 真值表与化简结果

3.4.2 组合逻辑电路的设计

组合逻辑电路没有记忆功能,其输出仅仅取决于当时的输入,与电路的历史状态无关。组合逻辑电路的设计是指根据给定的要求,设计出对应的逻辑电路。设计的一般步骤如下。

(1) 分析题意,进行逻辑抽象,并定义输入、输出逻辑变量。

(2) 根据逻辑功能列出真值表,由真值表写出逻辑函数式,并化简为最简逻辑函数式。

(3) 将最简函数式转化成逻辑电路图。

【例 3-26】 交通灯由红灯、黄灯和绿灯组成。任何时刻,只应有一个灯亮,其余状态均为故障状态。设计交通灯故障检测电路图,当交通灯有故障时,给出报警信号。

操作步骤如下。

(1) 将上述情况进行逻辑抽象。令输入变量 A、B、C 分别代表红灯、黄灯、绿灯,输入变量等于 1 时,为灯亮状态;等于 0 时,为灯灭状态。令输出变量为 Y,Y 为 1 时,出现故障并报警;Y 为 0 时,正常工作。

(2) 用逻辑转换仪列出真值表,并化简为最简函数式,如图 3-78 所示。

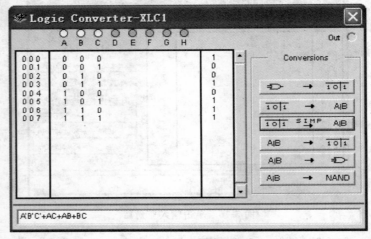

图 3-78　得到最简函数式

(3) 最简函数式转换成逻辑图,如图 3-79 所示。

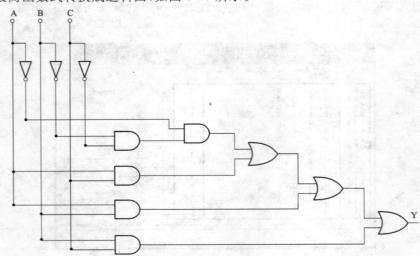

图 3-79　交通灯故障报警电路图

3.4.3 时序逻辑电路的应用与仿真

1. 分频器的测试电路

【例 3-27】 分频器的测试电路如图 3-80 所示。说出图 3-80 中 B、C 两点各为几分频。

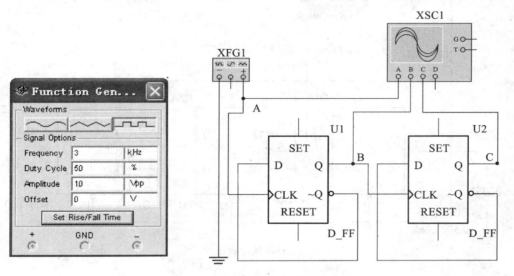

图 3-80　分频器的测试电路

按下仿真开关,双击示波器图标,得到波形测试结果如图 3-81 所示。从 A、B、C 波形可以看出,B 点是 1/2 分频,C 点是 1/4 分频。

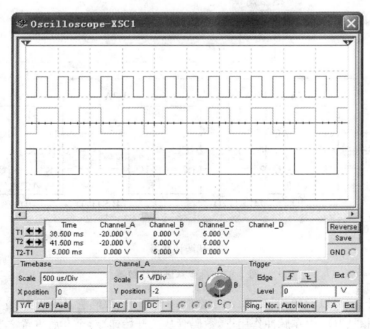

图 3-81　波形测试结果

2. 异步八进制加、减计数器的设计

【例 3-28】 用 74LS112D 设计异步加、减法计数器,如图 3-82 所示。

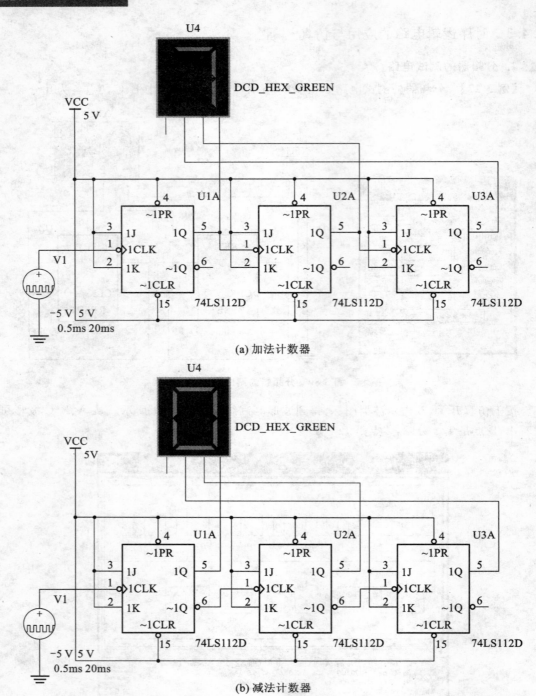

(a) 加法计数器

(b) 减法计数器

图 3-82　异步八进制计数器

　　按下仿真开关,可以看到:图 3-82(a)中在脉冲作用下,数码管从 0 开始递增,至 7 后重置 0,循环往复。图 3-82(b)中在脉冲作用下,数码管从 7 开始递减,至 0 后重置 7,循环往复。

3.4.4　555 定时器应用电路的仿真

　　以 555 定时器为核心的各种应用电路具有结构简单、性能可靠、使用灵活的优点,只需外接几个阻容元件就可构成单稳态触发器、施密特触发器和多谐振荡器等电路。

555 定时器由三个高精度的 5 kΩ 分压电阻、两个比较器、一个基本触发器和一个三极管组成,封装在一个 8 脚芯片中。555 定时器 3D 器件引脚排列及简要说明如图 3-83 所示。

图 3-83 555 定时器 3D 器件引脚排列及说明

【**例 3-29**】 555 定时器 3D 器件构成施密特触发器,如图 3-84 所示。

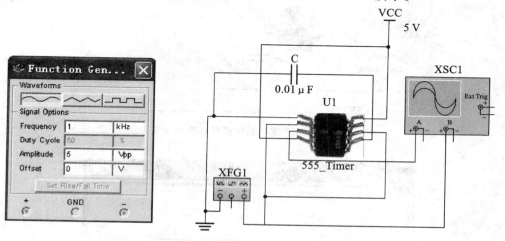

图 3-84 555 定时器构成施密特触发器

将函数发生器设置成图 3-84 所示,按下仿真开关,双击示波器,得到施密特触发器的输入输出波形如图 3-85 所示。

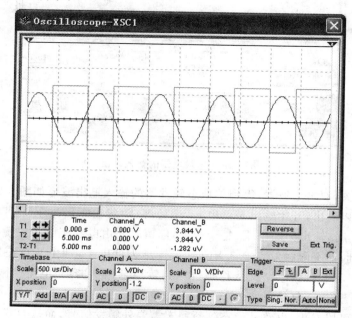

图 3-85 施密特触发器的输入输出波形

从波形中可以看出,当输入信号下降到 1/3 VCC 时,输出为高电平;当输入信号上升到 2/3 VCC 时,输出为低电平。所以 1/3 VCC 和 2/3 VCC 分别是施密特的下限和上限触发点。施密特触发器具有滞回特性,滞回电压的大小等于上限触发点和下限触发点电压之差。利用滞回特性,可对输入信号进行整形和变换(本处将输入的正弦波变换为矩形波)。

【例 3-30】 555 定时器构成单稳态触发器如图 3-86 所示。

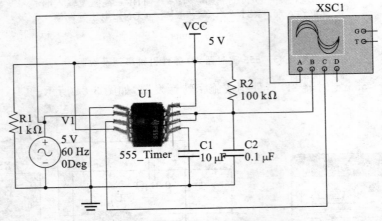

图 3-86 555 定时器构成单稳态触发器

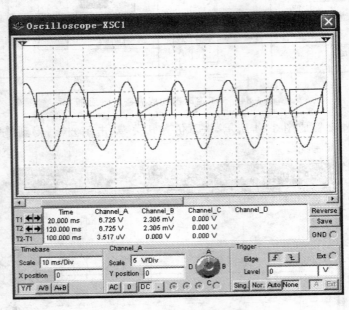

图 3-87 单稳态触发器的输入输出波形

按下仿真开关,双击示波器,得到单稳态触发器的输入输出波形如图 3-87 所示。

从波形中可以看出,开始输出是低电平,是稳态;随着输入信号下降到 555 定时器下限触发点 1/3 VCC 时,输出为高电平,是暂稳态,停留时间由电容充电的快慢决定。当电容电压上升到 555 定时器上限触发点 2/3 VCC 时,输出为低电平,即由暂稳态回到稳态。输入信号的下一次触发到来后,电路又从稳态过渡到暂稳态,当电容充电至上限触发电压时,又从暂稳态回到稳态,周而复始,循环往复。

从以上分析可以看出,电路从稳态到暂稳态需要外触发信号,而从暂稳态过渡到稳态则不需要外触发信号,停留一段时间会自动回到稳态,这正是单稳态电路的特点。

【例3-31】 555 定时器构成多谐振荡器如图 3-88 所示,测量输出波形的周期。若将 R1、R2 的阻值增大 10 倍,输出波形周期如何变化?

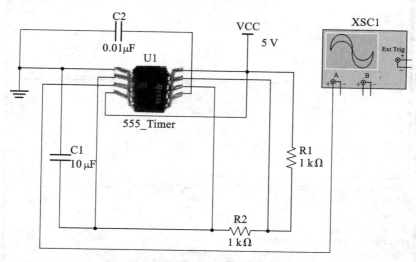

图 3-88 555 定时器构成多谐振荡器

按下仿真开关,双击示波器,得到多谐振荡器的输出波形如图 3-89 所示。从波形中看出,输出波形的周期 T 约为 21.36 ms。将 R1、R2 的阻值增大 10 倍,输出波形周期也增大 10 倍,约为 213.6 ms,如图 3-90 所示。

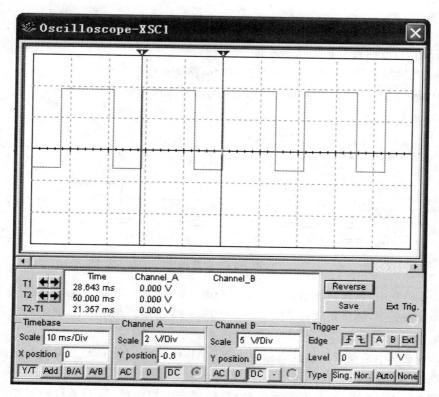

图 3-89 多谐振荡器的输出波形

Oscilloscope-XSC1

	Time	Channel_A	Channel_B
T1 ↔	276.382 ms	0.000 V	
T2 ↔	489.950 ms	5.000 V	
T2-T1	213.568 ms	5.000 V	

Reverse   Save   Ext Trig.

Timebase
Scale 100 ms/Div
X position 0
Y/T Add B/A A/B

Channel A
Scale 2 V/Div
Y position 0.6
AC 0 DC

Channel B
Scale 5 V/Div
Y position 0
AC 0 DC

Trigger
Edge ∫ ∫ A B Ext
Level 0 V
Type Sing. Nor. Auto None

图 3-90 阻值增大 10 倍后的输出波形

习　　题

1. 简述 Multisim 9 仿真分析的基本步骤。

2. Multisim 9 的基本分析包括哪些类型? 可对电路进行哪些分析?

3. 在 Multisim 9 中,创建电路图如图 3-91 所示,验证戴维南定理。

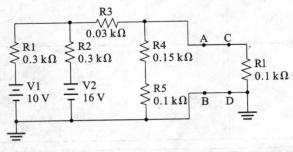

图 3-91　电路图

4. 在 Multisim 9 中,创建同相求和运算电路如图 3-92 所示。求输出电压。

5. 在 Multisim 9 中,创建集成运算放大电路如图 3-93 所示。记录 A、B 通道的波形的形状、幅值和周期。

6. 用 Multisim 9 中的逻辑转换仪将函数式 $Y=AB'C+A'+B+C'$ 化成最简与或式,并给出与非形式的电路逻辑图。

7. 设计一汽车报警系统,若发生下述三种情况,则产生报警信号:开关启动而车门未关、开关启动而安全带未系好、开关启动而车门未关且安全带也未系好。要求:

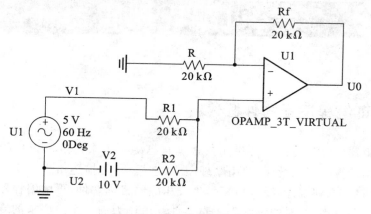

图 3-92 同相求和运算电路

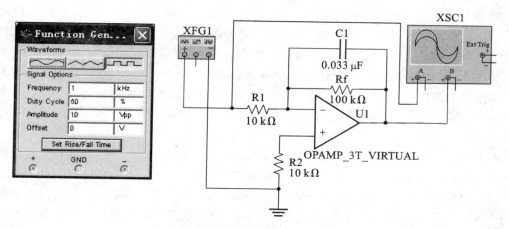

图 3-93 集成运算放大电路

(1) 将上述情况进行逻辑抽象,得到的真值表用逻辑转换仪表示。

(2) 将真值表转换成最简函数式。

(3) 将最简函数式转换成逻辑图,并加入单刀双掷开关,VCC、地、指示灯等,画出完整电路图。

8. 试在 Multisim 9 中,用数值比较器 74LS85、指示灯实现两个二进制数 A 和 B 的大小比较,并能给出 A>B、A<B 以及 A=B 的信号灯指示。

第4章　可编程逻辑器件

4.1　可编程逻辑器件概述

可编程逻辑器件(PLD)是一种供用户根据自己的要求来构造逻辑功能的数字集成电路。一般可利用计算机辅助设计,即用原理图、状态机、硬件描述语言(VHDL)等方法来表示设计思想,经过一系列编译或转换程序,生成相应的目标文件,再由编程器或电缆将设计文件配置到目标器件中,这时的可编程逻辑器件就可作为满足用户要求的专用集成电路使用了。也就是说,电子工程师们可在现场自行研制自己所要求的电路或电子系统。

PLD 经历了从 PROM、PLA、GAL 到 FPGA、ispLSI 等发展过程。在此期间,PLD 的集成度和速度不断提高,功能不断增强,结构趋于更合理,使用变得更灵活方便。PLD 的出现,打破了中小规模通用型集成电路和大规模专用集成电路的垄断局面。与中小规模通用型集成电路相比,用 PLD 实现数字系统,有集成度高、速度快、功耗小、可靠性高等优点。与大规模专用集成电路相比,用 PLD 实现数字系统,有研制周期短、先期投资少、无风险、修改逻辑设计方便、小批量生产成本低等优势。可以预见,在不久的将来,PLD 将在集成电路市场占统治地位。

随着可编程逻辑器件性能价格比的不断提高,以及 EDA 开发软件的不断完善,现代电子系统的设计将越来越多地使用可编程逻辑器件,特别是大规模可编程逻辑器件。如果说电子系统可以像积木块一样堆积起来的话,那么现在构成许多电子系统仅仅需要三种标准的积木块——微处理器、存储器和可编程逻辑器件,甚至仅需一块大规模可编程逻辑器件。

4.1.1　可编程逻辑器件的发展

最早的可编程逻辑器件出现在 20 世纪 70 年代初,主要是可编程只读存储器(PROM)和可编程逻辑阵列(PLA)。20 世纪 70 年代末出现了可编程阵列逻辑(Programmable Array Logic,PAL)器件。20 世纪 80 年代初期,美国 Lattice 公司推出了一种新型的 PLD 器件,称为通用阵列逻辑(Generic Array Logic,GAL),一般认为它是第二代 PLD 器件。随着技术的进步、生产工艺的不断改进、器件规模的不断扩大和逻辑功能的不断增强,各种可编程逻辑器件如雨后春笋般涌现,如 PROM、EPROM、EEPROM 等。

在 EPROM 基础上出现的高密度可编程逻辑器件称为 EPLD 或 CPLD。现在一般把超过某一集成度的 PLD 器件都称为 CPLD。在 20 世纪 80 年代中期,美国 Xilinx 公司首先推出了现场可编程门阵列(FPGA)器件。FPGA 器件采用逻辑单元阵列结构和静态随机存取存储器工艺,设计灵活,集成度高,可无限次反复编程,并可现场模拟调试验证。在 20 世纪 90 年代初,Lattice 公司又推出了在系统可编程大规模集成电路(ispLSI)。

4.1.2　可编程逻辑器件的分类

可编程逻辑器件可以分为简单 PLD 和复杂 PLD 两类,如图 4-1 所示。

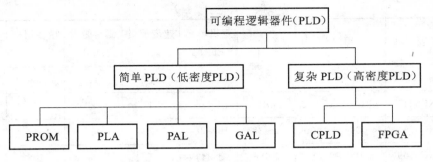

图 4-1 可编程逻辑器件的密度分类

4.1.3 可编程逻辑器件的典型产品

目前生产 PLD 的主厂家主要有美国的 Altera、Xilinx 和 Lattice 三家。

(1) Altera 公司生产的通用 PLD 系列产品的主要性能如表 4-1 所示。

表 4-1　Altera 公司的通用 PLD 系列产品的主要性能

系　　列	代表产品	配置单元	逻辑单元(FF)/个	最多用户(I/O)/个	速度等级/ns	RAM/位
APEX20K	EP20K1000E	SRAM	42 240	780	4	540×10^3
ELEX10K	EPF10K10	SRAM	4 992(5 392)	406	4	24 576
ELEX8000	EPF8050	SRAM	4 032(4 656)	360	3	—
MAX9000	EPM9560	EEPROM	560(772)	212	12	—
MAX7000	EPM7256	EEPROM	256	160	10	—
FLASH logic	EPX8160	SRAM/ FLASH	160	172	10	20 480
MAX5000	EPM5192	EPROM	192	64	1	—
Classic	EP1810	EPROM	48	48	20	—

(2) Xilinx 公司在 1985 年推出了世界第一块现场可编程门阵列器件,最初 3 个完整的系列产品分别命名为 XC2000、XC3000 和 XC4000,共有 19 个品种,后又增加了低电压(3.3 V)的 L 系列、多 I/O 引脚的 H 系列及更高速的 A 系列,并推出了与 XC3000 兼容的 XC3000/A 系列,在 XC4000 的基础上又增加了 E 系列和 EX 系列。在 1995 年,Xilinx 公司又增加了 XC5000、XC6200 和 XC8100FPGA 系列,并取得了突破性进展。而后又推出了 Spartan 和 Virture 系列。Xilinx 还有 3 个 CPLD 系列产品:XC7200、XC7300 和 XC9500,如表 4-2 所示。

表 4-2　Xilinx 公司系列产品的主要功能

系　　列	代表产品	可用门/个	宏单元/个	逻辑单元(FF)/个	速度等级/ns	驱动能力/mA	最多用户/个	RAM/位
XC2000	XC2018L	1 000～1 500	100	172	10	4	74	—
XC3000	XC3090	5 000～6 000	320	928	6	4	144	—
XC3100	XC3195/A	6 500～7 500	484	1 320	0.9	8	176	—

续表

系　列	代表产品	可用门/个	宏单元/个	逻辑单元(FF)/个	速度等级/ns	驱动能力/mA	最多用户/个	RAM/位
XC4000	XC4063EX	62 000~130 000	1 304	5 276	2	12	384	73 718
XC5200	XC5215	14 000~18 000	484	1 936	4	8	244	—
XC6200	XC6264	64 000~100 000	16~384	16~384	2	8	512	262k
XC8100	XC8109	8 100~9 400	2 688	1 344	1	24	208	—
XC7200	XC7272A	2 000	71	126	15	8	72	
XC7300	XC73144	2 800	144	234	7	24	156	
XC9500	XC95288	6 400	288	288	10	24	180	—

（3）Lattice 公司成立于 1983 年，是 EECMOS 技术的开拓者，发明了 GAL 器件，是低密度 PLD 的最大供应商。该公司于 20 世纪 90 年代开始进入 HDPLD 领域，并推出了 pLSI/ispLSI 器件，实现了在系统可编程技术（ISP）。ISP 使用户能够在无须从系统板上拔下芯片或从系统中取出电路板的情况下，通过改变芯片的逻辑内容即可改变整个电子系统的功能。这种技术能大大缩短设计周期，简化生产流程，降低设计成本。

Lattice 公司目前的器件主要有六个系列：pLSI/ispLSI 1000 系列、pLSI/ispLSI 2000 系列、pLSI/ispLSI 3000 系列、pLSI/ispLSI 5000 系列、pLSI/ispLSI 6000 系列和 pLSI/ispLSI 8000 系列，如表 4-3 所示。

表 4-3　Lattice 系列产品主要性能

系　　列	代表产品	可用门/个	宏单元/个	逻辑单元(FF)/个	速度等级/ns	最多用户(I/O)/个
ispLSI 1000/E	isp148	8 000	192	288	5	108
ispLSI 2000/E/V/E	isp2192	8 000	192	192	6	110
ispLSI 3000	isp3448	20 000	320	672	12	224
ispLSI 5000V	isp5512V	24 000	512	384	10	384
ispLSI 6000	isp6192	25 000	192	416	15	159
ispLSI 8000	isp8840	45 000	840	1 152	8.5	312

 ## 4.2　可编程逻辑器件的硬件结构

4.2.1　可编程实现的基本思想

下面以 ROM 的结构与工作原理说明硬件器件和软件编程的联系。

ROM 的结构如图 4-2 所示，它由存储矩阵、地址译码器、读放与选择电路组成。地址译码器可以是单译码，也可以是双译码。

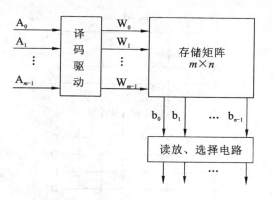

图 4-2 ROM 的结构框图

1. 二极管 ROM 模型

图 4-3 所示的是一个由二极管构成的 ROM 模型,其中:两位地址线 A_1 和 A_0 指明该 ROM 的存储容量为四个存储单元(四个字);四位数据线 D_3 至 D_0 指明数据长度为四位。

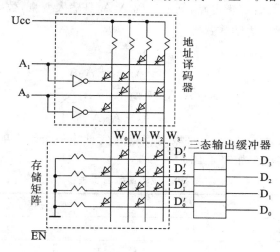

图 4-3 二极管构成的 ROM 模型

地址译码器是一个与门阵列:它输出四条字线 W_0 至 W_3。对应一个地址输入,只有一条字线输出为高电平。

存储矩阵是或门阵列:对每一条数据线 D_3 至 D_0 而言,二极管构成或门。

【例 4-1】 $A_1A_0 = 00$ 时,与门阵列中 W_0 线高电平(最左两个二极管截止),或门阵列中 D_2'、D_0' 线高电平(最左两个二极管导通),若 EN=0,则 ROM 输出为 $D_3D_2D_1D_0 = 0101$。

2. ROM 的点阵结构表示法

由二极管 ROM 的结构可以看出,字线 W 与位线 D' 的每个交叉点都是一个存储元。交叉点处接二极管相当于存储 1,不接二极管相当于存储 0。因此存储矩阵可用阵列图来表示,如图 4-4 所示。将字线和位线画成相互垂直的一个阵列,每一个交叉点对应一个存储元。交叉点上有黑点表示该存储元存 1,无黑点表示该存储元存 0。

ROM 阵列结构表示法是一种新思路,它为后来其他可编程器件的发展奠定了基础。

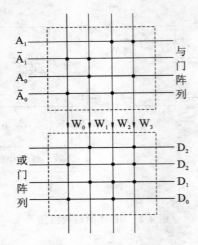

图 4-4　ROM 的阵列结构

3. ROM 的编程

如果把 ROM 看作组合逻辑电路,则地址码 A_1A_0 是输入变量,数据码 D_3 至 D_0 是输出变量,由图 4-4 可得输出函数表达式:

$$D_3 = \overline{A_1}A_0 + A_1A_0$$
$$D_2 = \overline{A_1}\,\overline{A_0} + A_1\,\overline{A_0} + A_1A_0$$
$$D_1 = \overline{A_1}A_0 + A_1\,\overline{A_0} + A_1A_0$$
$$D_0 = \overline{A_1}\,\overline{A_0} + A_1\,\overline{A_0}$$

逻辑函数是与或表达式,每一条字线对应输入变量的一个最小项。由此可列出逻辑函数真值表。逻辑函数真值表如表 4-4 所示。

表 4-4　逻辑函数真值表

地　　址		数　　据			
A_1	A_0	D_3	D_2	D_1	D_0
0	0	0	1	0	1
0	1	1	0	1	0
1	0	0	0	1	1
1	1	1	1	1	0

显然,ROM 编程时,对与门阵列(地址译码器)不编程,而只对或门阵列(存储矩阵)编程。

这样,函数表达式和实际的硬件电路就建立了一一对应的联系,改变点的位置(以后就是编程),就改变了逻辑函数表达式,这就是硬件可编程实现的基本思想。

4.2.2　SPLD 的基本结构和原理

简单可编程逻辑器件(SPLD,早期产品)的基本结构如图 4-5 所示,它由输入缓冲、与功能、或功能、输出缓冲等四部分功能电路组成。电路的主体是由门构成的"与阵列"和"或阵列",逻辑函数靠它们实现。为了适应各种输入情况,"与阵列"的每个输入端(包括内部反馈信号输入端)都有输入缓冲电路,从而降低对输入信号的要求,使之具有足够的驱动能力,并产生原变量和反变量两个互补的信号。有些 PLD 的输入电路还包含 Latch(锁存器),甚至是一些可以组态的输入宏单元,可以对输入信号进行预处理。PLD 的输出方式有多种:可以由或阵列直接输出(组合方式),也可以通过寄存器输出(时序方式);输出可以是低电平有效,也可以是高电平有效。不管采用什么方式,在输出端口上往往设有三态电路,且有内部通路可以将输出信号反馈到与阵列输入端,新型的 PLD 器件则将输出电路做成 Macro cell (宏单元),使用者可以根据需要对其输出方式组态,从而使 PLD 的功能更灵活,更完善。

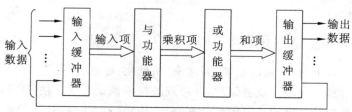

图 4-5　PLD 的基本结构

任何组合逻辑函数均可化为与或式,从而用与门-或门二级电路实现,而任何时序电路又都是由组合电路加上存储元件(触发器)构成的,因而 PLD 的这种结构对数字电路具有普遍的意义。

20 世纪 70 年代初期的 PLD 主要是 PROM(可编程只读存储器)和 PLA(可编程逻辑阵列)器件。在 PROM 中,与门阵列固定,或门阵列可编程。在 PLA 中,与门阵列和或门阵列均可编程。但这两种器件采用熔丝工艺,一次性编程使用。

20 世纪 80 年代中期,GAL(通用阵列逻辑)器件出现,GAL 是在 PAL 基础上发展起来的新一代器件,与门阵列可编程,或门阵列固定。它采用电可擦写 CMOS 工艺,可以反复擦除和改写。结构上采用输出逻辑宏单元电路,为逻辑设计提供了较大的灵活性。

根据阵列和输出结构的不同,SPLD 的分类及结构如表 4-5 所示。

表 4-5　SPLD 的分类及结构

名　　称	与　阵　列	或　阵　列	输　出　部　分
PROM	固定	可编程	固定
PLA	可编程	可编程	固定
PAL	可编程	固定	固定
GAL	可编程	固定	可配置

4.2.3　CPLD 的基本结构和原理

SPLD 的致命缺点是其集成规模太小,一片 SPLD 通常只能代替二至四片中规模集成电路。CPLD 是复杂的 PLD,专指那些集成规模大于 1000 门以上的可编程器件。这里所谓的"门"是指等效门(Equivalent Gate),每个等效门相当于 4 只晶体管(Altera 公司用可使用门来衡量,每个可使用门约等于两个等效门)。

CPLD 的基本结构与 GAL(通用逻辑阵列)并无本质区别,依然由与阵列、或阵列、输入缓冲电路和输出宏单元组成。它的与阵列比 GAL 大得多,但并不是靠简单地增大阵列的输入、输出端口来实现的。这是因为占用硅片的面积随其输入端数的增加而急剧增加,而芯片面积的增大不仅使芯片的成本增高,还会因信号在阵列中传输延迟的加长而影响其运行速度。所以在 CPLD 中,通常将整个逻辑分为几个区,每个区相当于一个 GAL 或几个 GAL 的组合,再用总线实现各区之间的逻辑互联。注意,这里所谓的总线与计算机中的总线概念是不一样的,总线是一组连线,上面挂了若干电路(输入或输出)或设备,它们都可以使用这些总线来实现相互的通信,这是二者相同的地方。但在计算机中,依靠程序的安排,各设备根据需要轮流使用这组总线,即所谓分时;而在 CPLD 中,是靠编程将某电路连在总线上,实现它们之间的互联(此时其他设备便不能使用此总线),且连好之后就不会改变,除非将编程的内容擦去重编。

4.2.4 FPGA 的基本结构和原理

FPGA 器件具有下列优点:高密度、高速率、系列化、标准化、小型化、多功能、低功耗、低成本,设计灵活方便,可无限次反复编程,并可现场模拟调试验证。使用 FPGA 器件,一般可在几天到几周内完成一个电子系统的设计和制作,缩短研制周期,达到快速上市和进一步降低成本的要求。据统计,1993 年 FPGA 的产量已经占整个可编程逻辑器件产量的 30%,并在逐年提高。FPGA 在我国也得到了较广泛的应用。

FPGA 的基本结构示意图如图 4-6 所示。逻辑单元之间是互联阵列。这些资源可由用户编程。FPGA 属于较高密度的 PLD 器件。

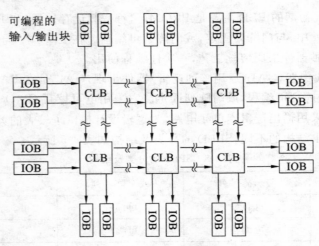

图 4-6　FPGA 的基本结构示意图

以 Xilinx 公司的 FPGA(XC3020)为例,其结构属于逻辑单元阵列,可重复编程。在系统加电后,由逻辑单元阵列自动从片外 EPROM 中读入构造数据。因此 XC3020 由构造代码存储器、输入/输出块 IOB 和可组态逻辑块 CLB 组成。

1. 输入/输出块 IOB

IOB 位于芯片内部周围,在内部逻辑阵列和外部芯片封装引脚之间提供一个可编程接口。IOB 内部逻辑由逻辑门、触发器和控制单元组成,它可编程为输入、输出、双向 I/O 三种方式。

2. 可组态逻辑块 CLB

CLB 是 FPGA 的基本逻辑单元,能完成用户指定的逻辑功能。它的内部结构由组合逻辑与寄存器两大部分组成。

3. 可编程互联资源

FPGA 中的可编程互联资源提供布线通路,将 IOB、CLB 的输入和输出连接到逻辑网络上,实现系统的逻辑功能。块间互联资源由两层金属线段构成。开关晶体管形成了可编程互联点和开关矩阵 SM,以便实现金属线段和块引脚的连接。这些开关的通断靠对应的可组态存储器(SRAM)控制。一旦断电,SRAM 中的信息会丢失,因此 FPGA 必须配上一块EPROM,将所有编程信息保存在 EPROM 中。每次通电时,首先将 EPROM 中的编程信息传到 SRAM 中,然后才能投入运行。

4. FPGA 的配置

FPGA 的配置也就是该器件的配置。FPGA 的电路设计是通过 FPGA 开发系统来实现的。用户只需在计算机上输入硬件描述语言或电路原理图,FPGA 开发系统软件就能自动进行模拟、验证、分割、布局和布线,最后实现 FPGA 的内部配置。常用的配置模式有以下几种。

(1) 主动模式:利用内部振荡器产生配置时钟 CCLK,自动地从 EPROM 加载配置程序数据。

(2) 外设模式:将器件作为外设来对待,从总线中接受字节型数据。

(3) 行动串行模式:为微机提供一个接口加载 LCA 配置程序,在 CCLK 时钟上升沿接收串行配置数据,在下降沿输出数据。

为了设计方便,FPGA 开发系统还提供了丰富的单元库和宏单元库。例如,基本逻辑单元库、74 系列宏单元库、CMOS 宏单元库等。用户可以任意选用任何库中的任意单元去实现所需的逻辑功能。由于 FPGA 是一种大规模集成电路,在一片 FPGA 上可实现较复杂的逻辑功能。

 ## *4.3* CPLD 和 FPGA 的开发应用选择

4.3.1 PLD 比较和选用的方法

PLD 由许多相同的基本逻辑单元组成,它们有很多称谓,如 CLB(可配置逻辑块)、LAB(逻辑阵列块)、GLB(通用逻辑块)等。正是这样的逻辑单元实现了逻辑功能,以及各种互联资源和输入/输出模块,构成了 PLD 的主体。那么,人们怎样评估这些 PLD 的性能呢?

下面简单介绍美国可编程电子产品性能评估公司(PREP)对 PLD 的测试方法和测试结果报告。PREP 由一批从事可编程逻辑方面工作的公司组成,包括生产 PLD 和 PLD 开发工具的制造厂家。PREP 的主要使命是帮助系统设计人员深入了解 PLD 的性能和用途,为此PREP 提出了测试标准、构成标准电路的能力和技术性能,客观地评价各种 PLD 的性能。

PREP 测试标准中使用了九种电路(数据传送电路、计时器/计数器、小型状态机、大型状态机、运算电路、16 位累加器、16 位计数器、16 位同步计数器、存储器映射译码器)作为测试的标准电路。

在 PREP 的报告中,器件的构成能力是指一个器件能够组成某一电路的数量,以及器件的全部资源利用率。

一个器件按一种标准电路进行测试,用两个数据来表示器件的综合能力和性能:一个是衡量性能的平均工作速度;另一个是平均构成能力,它是器件组成逻辑电路的平均个数。

平均构成能力用组成九种标准电路个数的简单算数平均值来表示,算法如下:

$$平均构成能力＝(I1＋I2＋\cdots＋I9)/9$$

其中 $I1$、$I2\cdots\cdots I9$ 分别是构成九种电路中每种电路的个数。

用 ABS 和 ABC 这两个指标来衡量和比较器件组成电路的能力和性能,在实际应用中既简单又公平。这两个指标可用一张图来表示,横坐标是组成电路数目的平均值,纵坐标是平均工作速度。

在评价可编程器件时,用 PREP 标准测试电路优点颇多,用户能够在不同系列之间、同一系列不同密度的器件之间、同一器件不同工作速率的产品之间、不同用途之间进行比较;PREP 测试标准是为可编程逻辑器件的用户评价而开发的一种工具,它的测试标准在其他技术领域也很有价值。它衡量的是器件构成逻辑电路的能力和工作速度,可编程逻辑器件完成的是普通的逻辑功能,用的是标准的实施方法,这种方法在比较不同器件时将节约大量时间,而且用户选器件的过程中也将发挥一定作用。

PREP 数据只是提供一个参数帮助工程师们选择器件,但其关于器件所提供的知识很有限,对逻辑的构成能力和性能的衡量也不尽全面,它只是相对地衡量不同的可编程器件,并不表示器件的绝对性能。

此外,在确定器件之前用户还应考虑其他因素。这些因素并不能在 PREP 数据中充分表达出来,例如:能否买到、使用是否简便、功耗大小、可否重复编程、输入和输出信号个数、封装形式、开发工具、价格以及用户支持等。

4.3.2 CPLD 和 FPGA 的性能比较

CPLD 和 FPGA 结构、性能对照见表 4-6。

表 4-6　CPLD 和 FPGA 的结构、性能对照

性　能	CPLD	FPGA
集成规模	小(最多数/万门)	大(最多数/万门)
单位粒度	大(PAL 结构)	小(PROM 结构)
互联方式	集总总线	分段总线、长线、专用互联
编程工艺	EPROM、E2ROM、Flash	SRAM
编程类型	ROM	RAM 型需与存储器连用
信息	固定	可实时重构
触发器数	少	多
单元功能	强	弱
速度	高	低
PIN-PIN 延时	确定,可预测	不确定,不可预测
功耗	高	低
加密性能	可加密	不可加密
适用场合	逻辑型系统	数据型系统

4.3.3 CPLD 和 FPGA 的选择

由于各 PLD 公司的 FPGA、CPLD 产品在价格、性能、逻辑规模和封装（还包括对应的 EDA 软件性能）等方面各有千秋，不同的开发项目，必须做出最佳的选择。在对应开发中一般应考虑以下几个问题。

1. 器件的逻辑资源量的选择

开发一个项目，首先要考虑的是所选器件的逻辑资源量是否满足本系统的要求。由于大规模 PLD 器件的应用，大多数情况下是先将其安装在电路板上之后，再设计其逻辑功能，而且在实际调试前很难准确确定芯片可能耗费的资源。考虑到系统设计完成后，有可能要增加某些新功能，以及后期的硬件升级的可能性，因此，适当估测一下功能资源，以确定使用什么样的器件对提高产品的性能价格比是有好处的。Lattice、Altera、Xilinx 三家 PLD 主流公司的产品都有 HDPLD 的特性，且有多种系列产品供选用。相对而言，Lattice 公司的高密度产品少些，密度也较小。由于不同的 PLD 公司在其产品的数据手册中描述芯片逻辑资源的依据和基准不一致，所以数据会有很大出入。例如：对于 ispLSI 1032E，Lattice 公司给出的资源是 6 000 门；而对于 EPM7128S，Altera 公司给出的资源是 2 500 门。但实际上这两种器件的逻辑资源是基本一致的。在逻辑资源中，不妨设定一个基准，这里以比较常用的 ispLSI 1032E 为基准，来了解其他公司器件的规模。众所周知，GAL16V8 有八个逻辑宏单元，每个宏单元中有一个 D 触发器，它们对应若干个逻辑门，可以设计成一个七位二进制计数器或一个四位加法器等。而 ispLSI 1032E 有 32 个 GLB（通用逻辑块），每个 GLB 中又含有 4 个宏单元，总共 128 个宏单元，若以 Lattice 公司数据手册上给出的逻辑门数为 6 000 计算，Altera 公司的 EPM7128S 中也有 128 个宏单元，也应有 6 000 个左右的等效逻辑门。Xilinx 公司的 XC95108 和 XC9536 的宏单元数分别为 108 和 36，对应的逻辑门数应约为 5 000 和 6 000。但应注意，相同的宏单元数并不对应完全相同的逻辑门数。例如，GAL20V8 和 GAL16V8 的宏单元数都是 8，其逻辑门数显然不同。此外，随着宏单元数的增加，芯片中的宏单元数量与对应的等效逻辑门的数量也并不是成比例增加的。这是因为宏单元越多，各单元间的逻辑门能综合利用的可能性就越大，所对应的等效逻辑门自然就越多。例如，ispLSI 1016 有 16 个 GLB、64 个宏单元、2 000 个逻辑门，而 ispLSI 1032E 的宏单元数为 128 个，逻辑门数却是前者的 3 倍。

以上的逻辑门估测仅对 CPLD 有效，对于 FPGA 的估测应考虑到其结构特点。由于 FPGA 的逻辑器件比较小，即其可分布线区域是散布在所有的宏单元之间的，因此，FPGA 对于相同的宏单元数将比 CPLD 对应更多的逻辑门数。以 Altera 公司的 EPP10PC84 为例，它有 576 个宏单元，若以 EPM7128S 有 2 500 个逻辑门计算，则它应有 10 000 个逻辑门，但若以 ispLSI 1032E 为基准则应有 2.7 万个逻辑门，考虑其逻辑结构的特点，则应约有 3.5 万个逻辑门。当然，这只是一般意义上的估测，器件的逻辑门数只有与具体的设计内容相结合才有意义。实际开发中，逻辑资源的占用情况设计的因素是很多的，大致有：①硬件描述语言的选择、描述风格的选择以及 HDL 综合器的选择。这些内容涉及的问题较多。②综合和适配开关的选择。如果选择速度优化，将耗用更多的资源，而若选择资源优化，则反之。在 EDA 工具上还有许多其他的优化选择开关，都将直接影响逻辑资源的利用率。③逻辑功能单元的性质和实现方法。一般情况，许多组合电路比时序电路占用的逻辑资源要大，如并行进位的加法器、比较器以及多路选择器。

2. 芯片速度的选择

随着可编程逻辑器件集成技术的不断提高,FPGA 和 CPLD 的工作速度也在不断提高,PIN-PIN 延时已达纳秒级,在一般使用中,器件的工作频率已能够满足要求了。目前,Altera 公司和 Xilinx 公司的器件标称工作频率高,都可超过 300MHz。具体设计中应对芯片速度的选择有一定的综合考虑,并不是速度越高越好。芯片速度的选择应与所设计系统的最高工作速度相一致。使用了速度过高的器件将会加大电路板的设计难度,这是因为器件的高速性能越好,要求对外界微小干扰信号的反应灵敏性越好,若电路处理不当,或编程前的配置选择不当,极易使系统处于不稳定的工作状态,其中包括输入引脚端的所谓"glitch"干扰。在单片机系统中,电路板的布线要求并不严格,一般的小信号干扰不会导致系统不稳定,但即使是工作速度一般的 FPGA、CPLD,这种干扰都会引起不良后果。

3. 器件功耗的选择

由于系统编程的需要,CPLD 的工作电压多为 5 V,而 FPGA 工作电压的流行趋势是越来越低,3.3 V 和 2.5 V 低工作电压 FPGA 的使用已十分普遍。因此,就低功耗、高集成度方面来看,FPGA 具有绝对的优势。相对而言,Xilinx 公司的器件性能较稳定,功耗较小,用户 I/O 利用率较高。例如,XC3000 系列器件一般只用两个电源、两个接地,而密度大体相当的 Altera 公司的器件可能有八个电源、八个接地。

4. FPGA、CPLD 的选择

FPGA、CPLD 的选择主要看开发项目本身的需要,对于普通规模,且产量不是很大的产品项目,通常使用 CPLD 比较好。这是因为:

(1) 在中小规模范围,CPLD 价格较便宜,能直接用于系统。各系列的 CPLD 器件逻辑规模覆盖面属中小规模(1 000~50 000 门),有很宽的可选范围,上市速度快,市场风险小。

(2) 开发 CPLD 的 EDA 软件比较容易得到,其中不少 PLD 公司都有条件提供免费软件。如,Lattice 公司的 ispEXPERT、Synaio,Vantis 公司的 Design Director,Altera 公司的 Baseline,Xilinx 公司的 Webpack 等。

(3) CPLD 的结构大多为 EEPROM 或 Flash ROM 形式,编程后即可固定下载的逻辑功能,使用方便,电路简单。

(4) 目前最常用的 CPLD 多为在系统可编程的硬件器件,编程方式极为便捷。这一优势能保证所设计的电路系统随时可通过各种方式进行硬件修改和硬件升级,且有良好的器件加密功能。如:Lattice 公司所有的 ispLSI 系列,Altera 公司的 7000S 和 9000 系列、Xilinx 公司的 XC9500 系列的 CPLD 都拥有这些优势。

(5) CPLD 中有专门的布线区和许多块,无论实现什么样的逻辑功能或采用怎样的布线方式,引脚至引脚间的信号延迟几乎是固定的,与逻辑设计无关。这种特性使得设计调试比较简单,逻辑设计中的小信号干扰现象也比较容易处理,可见,廉价的 CPLD 也能获得比较高速的性能。

(6) 内部绕线不同。由于 FPGA 的绕线属于分段式,这将造成内部延时时间不固定,致使新手不易学习。但 CPLD 的绕线属于连续式,内部延时固定,较容易设计和使用。

(7) 门数不同。CPLD 的接线单纯,所以芯片的门数比 FPGA 多。如,Altera 公司所生产的 FLEX 系列(RAM 形式)、MAX 系列(ROM 形式)都属于 CPLD 类型,而 Xilinx 公司生产的 Spartan 系列(RAM 形式)则属于 FPGA 类型。

对于大规模的逻辑设计、ASIC 设计或单片系统设计,多采用 FPGA。从逻辑规模来看,

FPGA 覆盖了大中规模范围,逻辑门数为 5 000～2 000 000 门。目前,国际上 FPGA 的最大供应商是美国的 Xilinx 公司和 Altera 公司。由于 FPGA 保存逻辑功能的物理结构多为 SRAM 型,即掉电后将丢失原来的逻辑信息,所以在使用中需要为 FPGA 芯片配置一个专用的 ROM,将设计好的逻辑信息烧录于此 ROM 中,电路一旦上电,FPGA 就能自动从 ROM 中读取逻辑信息。FPGA 的使用途径主要有四个方面。

（1）直接使用。如 CPLD 那样,可直接用于产品的电路系统板上。由于在大规模和超大规模逻辑资源、低功耗、性能价格比等方面,FPGA 比 CPLD 有更大的优势。但是因为 FPGA 通常必须附带 ROM 以保存软信息,且 Altera 公司和 Xilinx 公司的原供应商只能提供一次性 ROM,所以在规模不大的情况下,其电路的复杂性和价格方面略逊于 CPLD,而且对于 ROM 的编程,要求有一台能对 FPGA 的配置 ROM 进行烧录的编程器。必要时,也可以使用能进行多次编程配置的 ROM。Atmel 公司生产的为 Xilinx 公司和 Altera 公司的 FPGA 配置的兼容 ROM,就有 10 000 次的烧录周期。此外,用户也能用单片机系统按照配置 ROM 的时序来完成配置 ROM 的功能。当然,也能使用诸如 ACTET 等不需要配置 ROM 的一次性 FPGA。

（2）间接使用。其方法首先利用 FPGA 完成系统整机的设计,包括最后电路板的定型,然后将充分验证成功的设计软件,如 VHDL 程序,交付给原供应商进行相同封装形式的掩模设计。这个过程类似于 8051 的掩模生产,这样获得的 FPGA 无须配置 ROM,且单片成本要低得多。

（3）硬件仿真。由于 FPGA 是 SRAM 结构,且能提供庞大的逻辑资源,因而适用于作为各种逻辑设计的仿真器件。从这个意义上讲,FPGA 本身为开发系统的一部分。FPGA 器件能用作各种电路系统中不同规模逻辑芯片功能的实用性仿真,一旦仿真通过,就能为系统配以相适应的逻辑器件。在仿真过程中,可以通过下载线直接将逻辑设计的输出文件通过计算机和下载适配电路配置进 FPGA 器件中,而不必使用配置 ROM 和专用编程器。

（4）专用集成电路 ASIC 的设计仿真。对于产品产量特别大,需要专用的集成电路或者单片系统的设计,如 CPU 及各种单片机的设计,除了使用功能强大的 EDA 软件进行设计和仿真外,有时还有必要使用 PPGA 对设计进行硬件仿真测试,以便最后确认整个设计的可行性。最后的器件将是严格遵循原设计,适用于特定功能的专用集成电路。这个转换过程需利用 VHDL 或 Verilog 语言来完成。

可在一个系统中,根据不同的电路采用不同的器件,充分利用各种器件的优势。例如,利用 Altera 公司和 Lattice 公司的器件实现要求延时和多输入的场合及加密功能,用 Altera 公司和 Xilinx 公司器件实现大规模电路,用 Xilinx 公司的器件实现时序较多或相位差要求数值较小(小于一个逻辑单元延时时间)的设计等。这样可提高器件的利用率,降低设计成本,提高系统综合性能。

5. FPGA 和 CPLD 封装的选择

FPGA 和 CPLD 器件的封装形式很多,其中主要有 PLCC、PQFP、TQFP、RQFP、VQFP、MQFP、PGA 和 BGA 等。每一芯片的引脚数从 28 至 484 不等,同一型号类别的器件可以有多种不同的封装形式。

常用的 PLCC 封装的引脚有 28、44、52、68、84 等几种规格。由于可以买到现成的 PLCC 插座,所以插拔方便,比较容易使用,适用于小规模的开发,缺点是需添加插座的额外成本、I/O 口有限以及易被人非法解密。

PQFP、RQFP 或 VQFP 属贴片封装形式,无须插座,引脚间距有零点几毫米,直接或在放大镜下就能焊接,适合于一般规模的产品开发或生产,但引脚间距比 PQFP 要小许多,徒手难以焊接,批量生产需贴装机。多数大规模、多 I/O 口的器件都采用这种封装形式。

PGA 封装的成本比较高,形似 586CPU,一般不直接采用系统器件,如 Altera 公司的 10K50 有 403 脚的 PGA 封装,可用作硬件仿真。

BGA 封装的引脚属于球状引脚,是大规模 PLD 器件常用的封装形式。这种封装形式采用球状引脚,以特定的阵型有规律地排列在芯片的背面上,故可使芯片引出尽可能多的引脚,同时由于引脚排列的规律性,因而适合某一系统的同一设计程序在同一电路板位置上焊上不同大小的,并含有同一设计程序的 BGA 器件,这是它的重要优势。此外,BGA 封装的引脚结构具有更强的抗干扰和机械抗振性能。

对于不同的设计项目,应使用不同的封装。对于逻辑含量不大,而外接引脚的数量比较多的系统,需要大量的 I/O 口才能以单片形式将这些外围器件的工作系统协调起来,因此选择贴片形式的器件比较好。如,可选 Lattice 公司的 ispLSI 1048E PQFP 或 Xilinx 公司的 XC95108 PQFP,它们的引脚数分别是 128 和 160,I/O 口一般都能满足系统的要求。

6. 其他因素的选择

相对而言,在三家 PLD 主流公司的产品中,Altera 公司和 Xilinx 公司的设计较为灵活,器件承用率较高,器件价格较便宜,品种和封装形式较丰富。Xilinx 公司的 FPGA 产品需要外加编程器件和初始化时间,保密性较差,延时较难事先确定,信号等延时较难实现。

习　题

1. 简述 PLD 的发展历程和分类方法。
2. PLD 按集成度分类,可以分为哪几种类型?
3. 简述你所了解的 PLD 厂商以及它们的 PLD 产品。
4. $A_1A_0=10$ 时,与门阵列哪条字线为高电平?或门阵列中哪些数据线为高电平?ROM 输出 $D_3D_2D_1D_0$ 为多少?
5. CPLD 的英文全称是什么?主要由哪几部分组成?
6. FPGA 和 CPLD 的区别有哪些?开发应用时应该考虑哪些因素?
7. FPGA、CPLD 在 ASIC 设计中有什么用处?
8. 试述 EDA 的 FPGA、CPLD 设计流程。

第5章 VHDL 硬件描述语言

5.1 VHDL 简介

VHDL 全名 Very-High-Speed Integrated Circuit Hardware Description Language(超高速集成电路硬件描述语言),诞生于 1982 年,是一种用于电路设计的高级语言,最初是由美国国防部开发出来供美军用来提高设计的可靠性和缩减开发周期的一种使用范围较小的设计语言。1987 年年底,VHDL 被 IEEE 和美国国防部确认为标准硬件描述语言。自IEEE-1076(简称 87 版)之后,各 EDA 公司相继推出自己的 VHDL 设计环境,或宣布自己的设计工具可以和 VHDL 接口。1993 年,IEEE 对 VHDL 进行了修订,从更高的抽象层次和系统描述能力上扩展 VHDL 的内容,公布了新版本的 VHDL,即 IEEE 标准的 1076-1993 版本(简称 93 版)。VHDL 和 Verilog 作为 IEEE 的工业标准硬件描述语言,得到众多 EDA 公司支持,在电子工程领域,已成为事实上的通用硬件描述语言,它在中国的应用多数是用在FPGA、CPLD、EPLD 的设计中。当然在一些实力较为雄厚的单位,它也被用来设计 ASIC。

VHDL 主要用于描述数字系统的结构、行为、功能和接口。除了含有许多具有硬件特征的语句外,VHDL 的语言形式、描述风格以及语法与一般的计算机高级语言十分相似。VHDL 的程序结构特点是将一项工程设计,或称设计实体(可以是一个元件,一个电路模块或一个系统)分成外部(或称可视部分)和内部(或称不可视部分)两部分,即涉及实体的内部功能和算法完成部分。在对一个设计实体定义了外部界面后,一旦其内部开发完成后,其他的设计就可以直接调用这个实体。这种将设计实体分成内、外部分的概念是 VHDL 系统设计的基本点。

1. VHDL 的优点

(1) 是 IEEE 的一种标准,语法比较严格,便于使用、交流和推广。

(2) 具有良好的可读性,既可以被计算机接受,也容易被人们所理解。

(3) 可移植性好。对于综合与仿真工具采用相同的描述,对于不同的平台也采用相同的描述。

(4) 描述能力强,覆盖面广,支持从逻辑门层次的描述到整个系统的描述。

(5) 是一种高层次的、与器件无关的设计。设计者没有必要熟悉器件内部的具体结构。

(6) 用于复杂的、多层次的设计,支持设计库和设计的重复使用。

(7) 与硬件独立,一个设计可用于不同的硬件结构,而且设计时不必了解过多的硬件细节。

(8) 有丰富的软件支持 VHDL 的综合和仿真,从而能在设计阶段就能发现设计中的Bug,缩短设计时间,降低成本。

(9) 更方便地向 ASIC 过渡。

2. VHDL 与计算机语言的区别

1) 运行基础

(1) 计算机语言是在 CPU+RAM 构建的平台上运行。

(2) VHDL 设计的结果是由具体的逻辑、触发器组成的数字电路。

107

2）执行方式

(1) 计算机语言基本上以串行的方式执行。

(2) VHDL 在总体上是以并行方式工作。

3）验证方式

(1) 计算机语言主要关注变量值的变化。

(2) VHDL 要实现严格的时序逻辑关系。

3. VHDL 的基本结构

VHDL 的基本结构如表 5-1 所示。

表 5-1　VHDL 的基本结构

设计实体	1. Library	声明库名
	2. USE	声明程序包名
	3. ENTITY(实体说明) 　[GENERIC(类属说明)] 　PORT(端口说明)	定义电路设计中的输入/输出
	4. ARCHITECTURE(结构体说明) 　Process(进程) 　或其他并行结构	描述电路的内部功能
	5. CONFIGURATION(配置说明)	指定与实体对应的结构体

【例 5-1】　一个 VHDL 简例。

```
--VHDL Example:eqcomp4.vhd
--eqcomp4 is a four bit equality comparator
Library IEEE;
use IEEE.std_logic_1164.all;              --库包

entity eqcomp4 is                         --实体,实体名和文件名一致

  port(a,b:in std_logic_vector(3 downto 0);
       equal:out std_logic);
end eqcomp4;                              --关键字 end 后跟实体名

architecture dataflow of eqcomp4 is       --结构体
begin                                     --关键字 begin
  equal<= '1' when a= b else '0';
End dataflow;                             --关键字 end 后跟结构体名
```

注意：VHDL 不区分大小写。

5.2　VHDL 语言要素

5.2.1　标识符

标识符是最常用的操作符。标识符可以是常数、变量、信号、端口、子程序或参数的名

字,由英文字母、数字、下划线组成。

1. VHDL 基本标识符的书写规则

(1) 标识符的第一个字符必须是字母。

(2) 英文字母不区分大小写,也可大小写混用。

(3) 最后一个字符不能是下划线,且不允许连续出现两个下划线。

(4) 关键字(保留字)不能用作标识符。

(5) 标识符最长可以是 32 个字符。

以下是几种标识符的示例。

合法的标识符:Decoder_1,FFT,Sig_N,Not_Ack,State0,Idle。

非法的标识符:

_Decoder_1	—— 起始为非英文字母
2FFT	—— 起始为数字
Sig_#N	—— 符号"#"不能成为标识符的构成
Not—Ack	—— 符号"—"不能成为标识符的构成
RyY_RST_	—— 标识符的最后不能是下划线"_"
data_ _BUS	—— 标识符中不能有双下划线
return	—— 关键词

2. 扩展标识符

VHDL1993 标准还支持扩展标识符,目的是免受 1987 标准中的短标识符的限制,描述起来更为直观和方便。但是目前仍有许多 VHDL 工具不支持扩展标识符。扩展标识符的特点如下。

(1) 扩展标识符以反斜杠来界定,可以以数字开头。如:\74LS373\ 、\Hello World\ 都是合法的标识符。

(2) 允许包含图形符号(如回车符、换行符等),也允许包含空格符。如:\IRDY#\、\C/BE\、\A or B\ 等都是合法的标识符。

(3) 两个反斜杠之前允许有多个下划线相邻,扩展标识符要分大小写。扩展标识符与短标识符不同。扩展标识符如果含有一个反斜杠,则用两个反斜杠来代替它。

3. 关键字

关键字(保留字)是 VHDL 语言中具有特别意义的单词,如表 5-2 所示,只能用作固定的用途,用作标识符时会发生编译错误。

表 5-2　VHDL 语言中的关键字

ABS	ACCESS	AFTER	ALL	AND
ARCHITECTURE	ARRAY	ATTRIBUTE	BEGIN	BODY
BUFFER	BUS	CASE	COMPONENT	CONSTRANT
DISCONNET	DOWNTO	ELSE	ELSIF	END
ENTITY	EXIT	FILE	FOR	FUNCTION
GENERATE	GROUP	IF	IMPURE	IN
INOUT	IS	LABEL	LIBRARY	LINKAGE
LOOP	MAP	MOD	NAND	NEW

NEXT	NOR	NOT	OF	ON
OPEN	OR	OTHERS	OUT	PACKAGE
POUT	PROCESS	PROCEDURE	PURE	RANGE
RECORD	REJECT	REM	ROPORT	ROL
ROR	SELECT	SHARED	SIGNAL	SLA
SLL	SRA	SUBTYPE	THEN	TRANSPORT
TO	TYPE	UNAFFECTED	UNITS	UNTIL
USE	VARIABLE	WAIT	WHEN	WHILE
WITH	XOR	XNOR		

5.2.2 数据对象

在 VHDL 中,数据对象(Data Objects)类似于一种容器,接受不同数据类型的赋值。数据对象有三类,即变量(VARIABLE)、常量(CONSTANT)和信号(SIGNAL),如表 5-3 所示。前两种可以从传统的计算机高级语言中找到对应的数据类型,其语言行为与高级语言中的变量和常量十分相似。但信号这一数据对象比较特殊,它具有更多的硬件特征,是 VHDL 中较有特色的语言要素。

表 5-3　VHDL 中的数据对象

名　称	含　义	一般格式	有关规定
常量 (Constant)	固定不变的值	CONSTANT 常量名[,常量名]:数据类型[:=设置值];	由常量说明来赋值,并且只能赋值一次。 有效范围由被定义的位置决定,并从被定义的位置开始
变量 (Variable)	用来存储中间数据,以便实现存储的算法	VARIABLE 变量名[,变量名]:数据类型[:=设置值];	只能在进程语句、函数语句和过程语句中使用,并且只能局部有效。 它的赋值是直接的,分配给变量的值立即成为当前值,无任何延迟时间,变量不能表达"连线"或存储元件。 采用":="符号赋值
信号 (Signal)	可将其理解为连接线,端口也是一种信号。它可作为中间部分,将不能直接相连的端口连接在一起,也可用于在实体间传递数据	SIGNAL 信号名:数据类型[:=设置值];	信号通常在实体、结构体和程序包中加以说明,它的赋值存在延迟。 用"<="符号进行赋值

从硬件电路系统来看,变量和信号相当于组合电路系统中门与门间的连线及其连线上的信号值;常量相当于电路中的恒定电平,如 GND 或 VCC 接口。从行为仿真和 VHDL 语

句功能上看,信号与变量具有比较明显的区别,其差异主要表现在接收和保持信号的方式、信息保持与传递的区域大小上。例如信号可以设置传输延迟量,而变量则不能;变量只能作为局部的信息载体,如只能在所定义的进程中有效,而信号则可作为模块间的信息载体,如在结构体中各进程间传递信息。变量的设置有时只是一种过渡,最后的信息传输和界面间的通信都靠信号来完成。综合后的 VHDL 文件中信号将对应更多的硬件结构。但需注意的是,对信号和变量的认识单从行为仿真和语法要求的角度去认识是不完整的。事实上,在许多情况下,综合后所对应的硬件电路结构中信号和变量并没有什么区别,例如在满足一定条件的进程中,综合后它们都能引入寄存器。其关键在于,它们都具有能够接受赋值这一重要的共性,而 VHDL 综合器并不理会它们在接受赋值时存在的延时特性(只有 VHDL 仿真器才会考虑这一特性差异)。

此外还应注意,尽管 VHDL 仿真器允许变量和信号设置初始值,但在实际应用中 VHDL 综合器并不会把这些信息综合进去。这是因为实际的 FPGA、CPLD 芯片在上电后,并不能确保其初始状态的取向。因此,对于时序仿真来说,设置的初始值在综合时是没有实际意义的。

5.2.3 数据类型

可以从 5.2.2 节看出,在数据对象的定义中,必不可少的一项说明就是设定所定义的数据对象的数据类型,并且要求此对象的赋值源也必须是相同的数据类型。这是因为 VHDL 是一种强类型语言,对运算关系与赋值关系中各量(操作数)的数据类型有严格要求。VHDL 要求设计实体中的每一个常数、信号、变量、函数以及设定的各种参量都必须具有确定的数据类型,并且相同数据类型的量才能互相传递和作用。VHDL 作为强类型语言的好处是使 VHDL 编译或综合工具很容易地找出设计中的各种常见错误。VHDL 中的各种预定义数据类型大多数体现了硬件电路的不同特性,因此也为其他大多数硬件描述语言所采纳。例如 BIT,可以描述电路中的开关信号。

VHDL 中的数据类型可以分成四大类,如表 5-4 所示。

表 5-4 VHDL 中的数据类型

名 称	含 义	种 类	有 关 规 定
标量类型 (Scalar Type)	在某一时刻只对应一个值,常用来描述单值数据对象	整型 (integer)	适用的操作符有＋、－、＊、／等。 例如,signal a,b,c,d:integer; a<=123;b<=1－2－3;c<=b"1011";d<=o"17"; 其中对 b 的赋值实际也是 123,c,d 赋值时使用了库指定符。库指定符 b、o、x 分别代表二进制、八进制、十六进制数
		实型 (real)	适合实数; 通常综合工具不支持实型,因为运算需要的资源量大
		枚举型 (enumerate)	所谓枚举就是一个一个地列出来
		物理型 (时间型, time)	用来描述硬件的一些重要物理特征,常用于测试单元; VHDL 语言中唯一预定义的物理型是时间:fs,ps,ns,μs,ms,s,min,h

续表

名　称	含　义	种　类	有　关　规　定
复合类型 (Composite Type)	在某一时刻可以有多个值	数组型 (array)	由一个或多个相同类型的元素集合构成，其元素可是任何单值数据类型，元素可由数组下标访问，下标起始为 0。元素排列可升序(to)和降序(downto)排列
		记录型 (record)	由多个不同类型的元素集合而成；记录中的每个元素可由其字段名访问
寻址类型 (Access Type)	类似于 C 语言中的指针		略

1. 标量类型

标量类型数据是最基本的数据类型，即不可能再有更细小、更基本的数据类型，它们通常用于描述一个单值数据对象。

标量类型包括：实型、整型、枚举型和物理（时间）型。

2. 复合类型

复合类型可以由细小的数据类型复合而成，如可由标量型复合而成。复合类型主要有数组型和记录型。

3. 寻址类型

寻址类型为给定的数据类型的数据对象提供存取方式，类似于 C 语言中的指针。

以上数据类型又可分成在现成程序包中可以随时获得的预定义数据类型和用户自定义数据类型两大类别。预定义的 VHDL 数据类型是 VHDL 最常用、最基本的数据类型。这些数据类型都已在 VHDL 的标准程序包 STANDARD 和 STD_LOGIC_1164 及其他的标准程序包中做了定义，并可在设计中随时调用及转换，如表 5-5 所示。

表 5-5　类型变换函数

程　序　包	函　数　名	功　能
STD_LOGIC_1164	TO_STD_LOGIC_VECTOR(A)	由 Bit_Vector 转换成 Std_Logic_Vector
	TO_BIT_VECTOR(A)	由 Std_Logic_Vector 转换成 Bit_Vector
	TO_STD_LOGIC(A)	由 Bit 转换成 Std_Logic
	TO_BIT(A)	由 Std_Logic 转换成 Bit
STD_LOGIC_ARITH	CONV_STD_LOGIC_VECTOR (A,位长)	由 Integer、Unsigned、Signed 转换成 Std_Logic_Vector
	CONV_INTEGER(A)	由 Unsigned、Signed 转换成 Integer
STD_LOGIC_UNSIGNED	CONV_INTEGER(A)	由 Std_Logic_Vector 转换成 Integer

除了标准的预定义数据类型外，VHDL 还允许用户自己定义其他的数据类型以及子类型。通常，新定义的数据类型和子类型的基本元素仍属 VHDL 的预定义数据类型。尽管 VHDL 仿真器支持所有的数据类型，但 VHDL 综合器并不支持所有的预定义数据类型和用户定义的数

据类型,如 REAL TIME FILE 等数据类型。在综合中,它们将被忽略或宣布为不支持。这意味着,不是所有的数据类型都能在目前的数字系统硬件中实现。由于在综合后,所有进入综合的数据类型都转换成二进制类型和高阻态类型(只有部分芯片支持内部高阻态),即电路网表中的二进制信号,综合器通常忽略不能综合的数据类型,并给出警告信息。

5.2.4 运算操作符

与传统的程序设计语言一样,VHDL 各种表达式中的基本元素也是由不同类型的运算符相连而成的。这里所说的基本元素,称为操作数(Operands),运算符称为操作符(Operators)。操作数和操作符相结合就成了描述 VHDL 算术或逻辑运算的表达式。其中操作数是各种运算的对象,而操作符规定运算的方式。

1. 运算操作符种类

不同的运算操作需要不同的运算操作符。在 VHDL 中,有四类运算操作符,如表 5-6 所示,即算术运算符、关系运算符、逻辑运算符和并置运算符,此外还有重载运算符。操作符是完成逻辑和算术运算的最基本的运算符单元,重载运算符是对基本运算符做了重新定义的函数型运算符。

表 5-6　VHDL 运算操作符

类　型	操作符	功　能	操作数数据类型
算术运算符	＋	加	整数
	－	减	整数
	*	乘	整数和实数(包括浮点数)
	/	除	整数和实数(包括浮点数)
	MOD	取模	整数
	REM	取余	整数
	SLL	逻辑左移	BIT 或布尔型一维数组
	SRL	逻辑右移	BIT 或布尔型一维数组
	SLA	算术左移	BIT 或布尔型一维数组
	SRA	算术右移	BIT 或布尔型一维数组
	ROL	逻辑循环左移	BIT 或布尔型一维数组
	ROR	逻辑循环右移	BIT 或布尔型一维数组
	* *	乘方	整数
	ABS	取绝对值	整数
关系运算符	＝	等于	任何数据类型
	/＝	不能于	任何数据类型
	＜	小于	枚举与整数类型,及对应的一维数组
	＞	大于	枚举与整数类型,及对应的一维数组
	＜＝	小于等于	枚举与整数类型,及对应的一维数组
	＞＝	大于等于	枚举与整数类型,及对应的一维数组

类 型	操作符	功 能	操作数数据类型
逻辑运算符	AND	与	BIT、BOOLEAN、STD_LOGIC
	OR	或	BIT、BOOLEAN、STD_LOGIC
	NAND	与非	BIT、BOOLEAN、STD_LOGIC
	NOR	或非	BIT、BOOLEAN、STD_LOGIC
	XOR	异或	BIT、BOOLEAN、STD_LOGIC
	XNOR	异或非	BIT、BOOLEAN、STD_LOGIC
	NOT	非	BIT、BOOLEAN、STD_LOGIC
并置运算符	&	并置	一维数组

1) 逻辑运算符

逻辑运算符 AND、OR、NAND、NOR、XOR、XNOR 及 NOT 对 BIT 或 BOOLEAN 型的值进行运算。由于 STD_LOGIC_1164 程序包中重载了这些运算符,因此这些运算符也可用于 STD_LOGIC 型数值。如果 AND、OR、NAND、NOR、XOR、XNOR 左边和右边值的类型为数组,则这两个数组的尺寸,即位宽要相等。

通常,在一个表达式中有两个以上的运算符时,需要使用括号将这些运算分组。如果一串运算中的运算符相同,且是 AND、OR、XOR 这三个运算符中的一种,则不需使用括号;如果一串运算中的运算符不同或有除这三种运算符之外的运算符,则必须使用括号。例如:A and B and C and D(A or B) xor C

VHDL 中的运算符与操作数间的运算有两点需要特别注意:

(1) 严格遵循在基本操作符间操作数是同数据类型的规则。

(2) 严格遵循操作数的数据类型必须与运算符所要求的数据类型完全一致。

这意味着 VHDL 设计者不仅要了解所用的运算符的操作功能,而且还要了解此运算符所要求的操作数的数据类型(表 5-6 的右栏已列出了各种运算符所要求的数据类型)。例如参与加减运算的操作数的数据类型必须是整数,而 BIT 或 STD_LOGIC 类型的数是不能直接进行加减操作的,这与 ABEL-HDL 的语法要求有很大差别。

2) 关系运算符

关系运算符的作用是将相同数据类型的数据对象进行数值比较或关系排序判断,并将结果以布尔类型(BOOLEAN)的数据表示出来,即 TRUE 或 FALSE 两种。VHDL 提供了如表 5-1 所示的六种关系运算操作符"="(等于)、"/="(不等于)、">"(大于)、"<"(小于)、">="(大于等于)和"<="(小于等于)。

VHDL 规定,等于和不等于运算符的操作对象可以是 VHDL 中的任何数据类型构成的操作数。例如,对于标量型数据 a 和 b,如果它们的数据类型相同,且数值也相同,则(a=b)的运算结果是 TRUE;(a/= b)的运算结果是 FALSE。对于数组或记录类型(复合型,或称非标量型)的操作数,VHDL 编译器将逐位比较对应位置各位数值的大小。只有当等号两边数据中的每一对应位全部相等时才返还 BOOLEAN,结果 TRUE。对于不等于号的比较,两边数据中的任一元素不等则判为不等,返回值为 TRUE。

余下的关系运算符"<""<="">"和">="称为排序运算符,它们的操作对象的数据类型有一定限制。允许的数据类型包括所有枚举数据类型、整数数据类型以及由枚举型或整数型数据类型元素构成的一维数组。不同长度的数组也可进行排序。VHDL 的排序判

断规则是整数值的大小排序坐标是从正无限到负无限,枚举型数据的大小排序方式与它们的定义方式一致,如:

```
'1'> '0';TRUE> FALSE;a> b (若 a= 1,b= 0)
```

两个数组的排序判断是通过从左至右逐一对元素进行比较来决定的,在比较过程中并不管原数组的下标定义顺序,即不管用 TO 还是用 DOWNTO。在比较过程中,若发现有一对元素不等,即便确定了这对数组的排序情况,即最后所测元素对其中具有较大值的那个数值确定为大值数组。例如,位矢(1011)判为大于(101011),这是因为,排序判断是从左至右进行的,(101011)左起第四位是 0 故而判为小。在下例的关系运算符中 VHDL 都判为TRUE。

```
'1' ='1'
"101" = "101"
"1" > "011"
"101" < "110"
```

对于以上的一些明显的判断错误可以利用 STD_LOGIC_ARITH 程序包中定义的UNSIGNED 数据类型来解决,可将这些进行比较的数据的数据类型定义为 UNSIGNED 即可。如下式:

```
UNSIGNED' "1" < UNSIGNED' "011"的比较结果将判为 TRUE。
```

3) 算术运算符

在表 5-6 中所列的 17 种算术操作符可以分成如表 5-7 所示的五类运算符。

表 5-7　算术运算符分类表

类　　别	算术运算符分类
求和运算符(adding operators)	+(加)、-(减)
求积运算符(multiplying operators)	*、/、MOD、REM
符号运算符(sign operators)	+(正)、-(负)
混合运算符(miscellaneous)	* *,ABS
移位运算符(shift operators)	SLL、SRL、SLA、SRA、ROL、ROR

(1) 求和运算符　VHDL 中的求和运算符包括加运算符和减运算符。加减运算符的运算规则与常规的加减法是一致的,VHDL 规定它们的操作数的数据类型是整数,对于位宽大于 4 的加法器和减法器,VHDL 综合器将调用库元件进行综合。

(2) 求积运算符　求积运算符包括"*"(乘)、"/"(除)、"MOD"(取模)和"REM"(取余)四种运算符。VHDL 规定,乘与除的数据类型是整数和实数(包括浮点数)。在一定条件下,还可对物理类型的数据对象进行运算操作。读者需要注意的是,虽然在一定条件下,乘法和除法运算是可综合的,但从优化综合,节省芯片资源的角度出发,最好不要轻易使用乘除运算符。对于乘除运算可以用其他变通的方法来实现。操作符 MOD 和 REM 的本质与除法运算符是一样的,因此,可综合的取模和取余的操作数也必须是以 2 为底数的幂。MOD 和 REM 的操作数数据类型只能是整数,运算操作结果也是整数。

尽管综合器对求积操作(*、/、MOD、REM)的逻辑实现同样会做些优化处理,但其电路实现所耗费的硬件资源仍十分巨大。乘方运算符的逻辑实现,要求它的操作数是常数或是 2 的乘方时才能被综合;对于除法,除数必须是底数为 2 的幂(综合中可以通过右移来实现除法)。

MAX+plus Ⅱ限制"*""/"号右边操作数必须为 2 的乘方,如 x*8。如果使用 MAX+plus Ⅱ 的 LPM 库中的子程序则无此限制。FUNDATION FPGA Express 则限制"/"

"MOD"和"REM"运算符右边的操作数必须为 2 的乘方,对"＊"无此限制;此外 MAX＋plus Ⅱ不支持 MOD 和 REM 运算符。

(3) 符号运算符 "＋"和"－"的操作数只有一个,操作数的数据类型是整数,运算符"＋"对操作数不做任何改变,运算符"－"作用于操作数后的返回值是对原操作数取负,在实际使用中,取负操作数需加括号,如:

```
z:= x* (y);
```

(4) 混合运算符 混合运算符包括乘方"＊＊"运算符和取绝对值"ABS"运算符两种 VHDL 规定,它们的操作数数据类型一般为整数类型。乘方(＊＊)运算的左边可以是整数或浮点数,但右边必须为整数,而且只有当左边为浮点时,其右边才可以为负数。

一般,VHDL 综合器要求乘方运算符作用的操作数的底数必须是 2。

(5) 移位运算符 六种移位运算符 SLL、SRL、SLA、SRA、ROL 和 ROR 都是 VHDL1993 标准新增的运算符,在 1987 标准中没有。VHDL1993 标准规定移位运算符作用的操作数的数据类型应是一维数组,并要求数组中的元素必须是 BIT 或 BOOLEAN 的数据类型,移位的位数则是整数。在 EDA 工具所附的程序包中重载了移位操作符以支持 STD_LOGIC_VECTOR 及 INTEGER 等类型。移位运算符左边可以是支持的类型,右边则必定是 INTEGER 型。如果运算符右边是 INTEGER 型常数,移位运算符实现起来比较节省硬件资源。

其中 SLL 是将位矢向左移,右边跟进的位补零;SRL 的功能恰好与 SLL 相反;ROL 和 ROR 的移位方式稍有不同,它们移出的位将用于依次填补移空的位,执行的是自循环式移位方式;SLA 和 SRA 是算术移位运算符,其移空位用最初的首位来填补。

移位运算符的语句格式是:

标识符 移位操作符 移位位数;

4) 并置运算符

并置运算符"&"的操作数的数据类型是一维数组,可以利用并置运算符将普通操作数或数组组合起来形成各种新的数组。例如"VH"&"DL"的结果为"VHDL",'0'&'1'的结果为"01"。连接操作常用于字符串。

利用并置运算符,可以有多种方式来建立新的数组,如可以将一个单元素并置于一个数的左端或右端,以形成更长的数组,或将两个数组并置成一个新数组等,在实际运算过程中,要注意并置操作前后的数组长度应一致。

2. 运算符的优先级

运算符之间是有优先级别的,它们的优先级如表 5-8 所示。操作符 ABS 和 NOT 运算级别最高,在算式中被最优先执行。除 NOT 以外的逻辑运算符的优先级别最低,所以在编程中应注意括弧的正确应用。

表 5-8 VHDL 运算符优先级

运　算　符	优　先　级
NOT、ABS、＊＊	最高优先级
＊、/、MOD、REM	
＋、－、&	
SLL、SLA、SRL、SRA、ROL、ROR	
＝、/＝、＜、＜＝、＞、＞＝	最低优先级
AND、OR、NAND、NOR、XOR、XNOR	

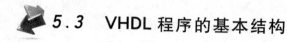

5.3 VHDL 程序的基本结构

5.3.1 实体

实体作为一个设计实体的组成部分,其功能是对这个设计实体与外部电路进行接口描述。实体是设计实体的表层设计单元,实体说明部分规定了设计单元的输入/输出接口信号或引脚,它是设计实体对外的一个通信界面。就一个设计实体而言,外界所看到的仅仅是它的界面上的各种接口。设计实体可以拥有一个或多个结构体,用于描述此设计实体的逻辑结构和逻辑功能。对于外界来说,这一部分是不可见的。

不同逻辑功能的设计实体可以拥有相同的实体描述,这是因为实体类似于原理图中的一个部件符号,而其具体的逻辑功能是由设计实体中结构体的描述确定的。实体是 VHDL 的基本设计单元,它可以对一个门电路、一个芯片、一块电路板乃至整个系统进行接口描述。

1. 实体语句结构

以下是实体说明单元的常用语句结构:

```
ENTITY 实体名 IS
    [GENERIC(类属表);]
    [PORT(端口表);]
END ENTITY 实体名;
```

实体说明单元必须按照这一结构来编写,实体应以语句"ENTITY 实体名 IS"开始,以语句"END ENTITY 实体名"结束,其中的实体名可以由设计者自己添加。中间在方括号内的语句描述,在特定的情况下并非是必需的。例如,构建一个 VHDL 仿真测试基准等情况中可以省去方括号中的语句。对于 VHDL 的编译器和综合器来说,程序文字的大小写是不加区分的,但为了便于阅读和分辨,建议将 VHDL 的标识符或基本语句关键词以大写方式表示,而由设计者添加的内容可以以小写方式来表示,如实体的结尾可写为"END ENTITY nand",其中的 nand 即为设计者取的实体名。

2. 实体名

一个设计实体无论多大和多复杂,在实体中定义的实体名即为这个设计实体的名称。在例化(已有元件的调用和连接)中,即可以用此名对相应的设计实体进行调用。在其例化操作中,直接使用了它们的实体名(注意,不是该文件的文件名)。

有的 EDA 软件对 VHDL 文件的取名有特殊要求,如 MAX+plus Ⅱ 要求文件名必须与实体名一致,如 h_adder. vhd。一般将 VHDL 程序的文件名取为此程序的实体名是一种比较好的编程习惯。

3. GENERIC 类属说明语句

类属(GENERIC)参量是一种端口界面常数,常以一种说明的形式放在实体或块结构体前的说明部分。类属为所说明的环境提供了一种静态信息通道。类属与常数不同,常数只能从设计实体的内部得到赋值,且不能再改变,而类属的值可以由设计实体外部提供。因此,设计者可以从外面通过类属变量的重新设定而容易地改变一个设计实体或一个元件的内部电路结构和规模。

类属说明的一般书写格式如下:

```
GENERIC  (常数名:数据类型[:设定值];
         {常数名:数据类型[:设定值]});
```

类属参量以关键词 GENERIC 引导一个类属参量表,在表中提供时间参数或总线宽度等静态信息。类属表说明用于设计实体和其外部环境通信的参数,传递静态的信息。类属在所定义的环境中的地位与常数十分接近,但却能从环境(如设计实体)外部动态地接受赋值,其行为又有点类似于端口 PORT。因此常如以上的实体定义语句那样,将类属说明放在其中,且放在端口说明语句的前面。

在一个实体中定义的,来自外部赋入类属的值可以在实体内部或与之相应的结构体中读到。对于同一个设计实体,可以通过 GENERIC 参数类属的说明,为它创建多个行为不同的逻辑结构。比较常见的情况是利用类属来动态规定一个实体的端口的大小,或设计实体的物理特性,或结构体中的总线宽度,或设计实体中底层中同种元件的例化数量,等等。一般在结构体中,类属的应用与常数是一样的。例如,当用实体例化一个设计实体的器件时,可以用类属表中的参数项定制这个器件,如可以将一个实体的传输延迟、上升和下降延时等参数加到类属参量表中,然后根据这些参数进行定制,这对于系统仿真控制是十分方便的。其中的常数名是由设计者确定的类属常数名,数据类型通常取 INTEGER 或 TIME 等类型,设定值即为常数名所代表的数值。但需注意,VHDL 综合器仅支持数据类型为整数的类属值。

4. PORT 端口说明

由 PORT 引导的端口说明语句是对一个设计实体界面的说明。其端口表部分对设计实体与外部电路的接口通道进行了说明,其中包括对每一接口的输入输出模式(MODE 或称端口模式)和数据类型(TYPE)进行了定义。在实体说明的前面,可以有库的说明,即由关键词"LIBRARY"和"USE"引导一些对库和程序包使用的说明语句,其中的一些内容可以为实体端口数据类型的定义所用。

实体端口说明的一般书写格式如下:

```
PORT (端口名:端口模式 数据类型;
    {端口名 :端口模式 数据类型}));
```

其中的端口名是设计者为实体的每一个对外通道所取的名字,端口模式是指这些通道上的数据流动方式,如输入或输出等,如表 5-9 所示。数据类型是指端口上流动的数据的表达格式或取值类型,这是由于 VHDL 是一种强类型语言,即对语句中的所有的端口信号、内部信号和操作数的数据类型有严格的规定,只有相同数据类型的端口信号和操作数才能相互作用。一个实体通常有一个或多个端口,端口类似于原理图部件符号上的管脚。实体与外界交流的信息必须通过端口通道流入或流出。

表 5-9 端口模式说明

端 口 模 式	端口模式说明(以设计实体为主体)
IN	输入,只读模式
OUT	输出,单向赋值模式
BUFFER	具有读功能的输出模式,(从内部看)可以读或写,只能有一个驱动源
INOUT	双向,(从内部或外部看)可以读或写

【例 5-2】 OUT 与 BUFFER 的区别。

```
(1) Entity test1 is
    port(a:in std_logic;
          b,c:out std_logic);
  end test1;
  architecture a of test1 is
  begin
    b<=not(a);
    c<=b;-- Error
  end a;
(2) Entity test2 is
    port(a:in std_logic;
          b:buffer std_logic;
          c:out std_logic);
  end test2;
  architecture a of test2 is
  begin
    b<=not(a);
    c<=b;
  end a;
```

【例 5-3】 全加器的端口如图 5-1 所示,则其端口的 VHDL 语言描述如下。

```
ENTITY Full_adder IS
  PORT(a,b,c:IN BIT;
        sum,carry:OUT BIT);
END Full_adder;
```

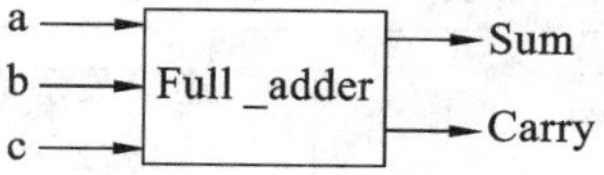

图 5-1 全加器的端口图

5.3.2 结构体

结构体是实体所定义的设计实体中的一个组成部分。结构体描述设计实体的内部结构或外部设计实体端口间的逻辑关系。结构体由两大部分组成:①对数据类型、常数、信号、子程序和元件等元素的说明部分;②描述实体逻辑行为的,以各种不同的描述风格表达的功能描述语句,它们包括各种形式的顺序描述语句和并行描述语句,以及以元件例化语句为特征的外部元件(设计实体)端口间的连接方式描述。

结构体将具体实现一个实体。每个实体可以有多个结构体,每个结构体对应着实体不同的结构和算法实现方案,其间的各个结构体的地位是同等的,它们完整地实现了实体的行为。但同一结构体不能为不同的实体所拥有。结构体不能单独存在,它必须有一个界面说明,即一个实体。具有多个结构体的实体,必须用 CONFIGURATION 配置语句指明用于综合的结构体和用于仿真的结构体。即在综合后的可映射于硬件电路的设计实体中,一个实体只能对应一个结构体。在电路中,如果实体代表一个器件符号,则结构体描述了这个符号的内部行为。当把这个符号例化成一个实际的器件安装到电路上时,则需配置语句为这个例化的器件指定一个结构体(即指定一种实现方案)或由编译器自动选一个结构体。

1. 结构体的一般语言格式

结构体的语句格式如下:

```
ARCHITECTURE 结构体名 OF 实体名 IS
    [说明语句]
BEGIN
    [功能描述语句]
END ARCHITECTURE 结构体名;
```

在书写格式上,实体名必须是所设计实体的名字,而结构体名可以由设计者自己选择,但当一个实体具有多个结构体时,结构体的取名不可重复。结构体的说明语句部分必须放在关键词"ARCHITECTURE"和"BEGIN"之间,结构体必须以"END ARCHITECTURE 结构体名;"作为结束句。

一般一个完整的结构体由两个基本层次组成,即说明语句和功能描述语句两部分。

2. 结构体说明语句

结构体中的说明语句是对结构体的功能描述语句中将要用到的信号(SIGNAL)、数据类型(TYPE)、常数(CONSTANT)、元件(COMPONENT)、函数(FUNCTION)和过程(PROCEDURE)等加以说明。需要注意的是,在一个结构体中说明和定义的数据类型、常数、元件、函数和过程只能用于这个结构体中。如果希望这些定义也能用于其他的实体或结构体中,需要将其作为程序包来处理。

3. 描述语句

结构体有三种描述方式描述实体的行为,分别为行为描述(behavioral)、数据流描述(dataflow)和结构化描述(structural),三种描述方式的比较如表 5-10 所示。

表 5-10   三种描述方式的比较

描述方式	优点	缺点	适用场合
结构化描述	连接关系清晰 电路模块化清晰	电路不易理解、烦琐、复杂	电路层次化设计
数据流描述	布尔函数定义明白	不易描述复杂电路,修改不易	小门数设计
行为描述	电路特性清楚明了	进行综合效率相对较低	大型复杂的电路模块设计

1) 结构体——行为描述

【例 5-4】   结构体——行为描述的例子。

```
Architecture behavioral of eqcomp4 is
begin
  comp:process(a,b)
  begin
    if a=b then
      equal<='1';
    else
      equal<='0';
    end if;
  end process comp;
end behavioral;
```

注:高层次的功能描述,不必考虑在电路中到底是怎样实现的。

2) 结构体——数据流描述

描述输入信号经过怎样的变换得到输出信号。

【例 5-5】   结构体——数据流描述的例子。

```
Architecture dataflow1 of eqcomp4 is
begin
  equal<='1' when a= b else'0';
end dataflow1;
Architecture dataflow2 of eqcomp4 is
begin
  equal <=not(a(0) xor b(0))
          and not(a(1) xor b(1))
          and not(a(2) xor b(2))
          and not(a(3) xor b(3));
end dataflow2;
```

注：当 a 和 b 的宽度发生变化时，需要修改设计，当宽度过大时，设计非常烦琐。

3）结构体——结构化描述

结构体——结构化描述如图 5-2 所示。

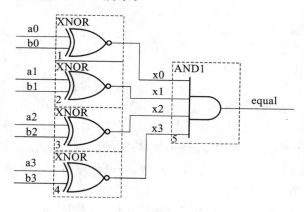

图 5-2　结构体——结构化描述

【例 5-6】　结构体——结构化描述的例子。

```
architecture struct of eqcomp4 is
begin
  U0:xnor2 port map(a(0),b(0),x(0));
  U1:xnor2 port map(a(1),b(1),x(1));
  U2:xnor2 port map(a(2),b(2),x(2));
  U3:xnor2 port map(a(3),b(3),x(3));
  U4:and4 port map(x(0),x(1),x(2),x(3),equal);
end struct;
```

注：类似于电路的网络表，将各个器件通过语言的形式进行连接，与电路有一一对应的关系，一般用于大规模电路的层次化设计。

【例 5-7】　全加器的结构体描述。

```
ARCHITECTURE adder OF Full_adder IS
BEGIN
    sum<=a XOR b XOR c;
    carry<=(a AND b) OR (b AND c) OR (a AND c);
END adder;
```

注意:结构体名由设计者根据标识符规则自由命名。

5.3.3 进程语句

1. PROCESS 语句格式

PROCESS 语句的表达格式如下:

```
[进程标号:] PROCESS [(敏感信号参数表)] [IS]
[进程说明部分]
BEGIN
顺序描述语句
END PROCESS [进程标号];
```

每一个 PROCESS 语句结构可以赋予一个进程标号,但这个标号不是必需的。进程说明部分定义该进程所需的局部数据环境。

顺序描述语句部分是一段顺序执行的语句,描述该进程的行为。PROCESS 语句中规定了每个进程语句在当它的某个敏感信号(由敏感信号参量表列出)的值改变时都必须立即完成某一功能行为,该行为由进程语句中的顺序语句定义,行为的结果可以赋给信号,并通过信号被其他的 PROCESS 或 BLOCK 读取或赋值。当进程中定义的任一敏感信号发生更新时,由顺序语句定义的行为就要重复执行一次,当进程中最后一个语句执行完成后,执行过程将返回到进程的第一个语句,以等待下一次敏感信号变化。如此循环往复以至无限,但当遇到 WAIT 语句时,执行过程将被有条件地终止即所谓的挂起(suspension)。

一个结构体中可以含有多个 PROCESS 结构,每一个 PROCESS 结构对于其敏感信号参数表中定义的任一敏感参量的变化,每个进程可以在任何时刻被激活或者称为启动。而在一结构体中,所有被激活的进程都是并行运行的,这就是为什么 PROCESS 结构本身是并行语句的道理。

PROCESS 语句必须以语句"END PROCESS[进程标号];"结尾,对于目前常用的综合器来说,其中进程标号不是必需的,敏感表旁的[IS]也不是必需的。

2. PROCESS 组成

如上所述,PROCESS 语句结构是由三个部分组成的,即进程说明部分、顺序描述语句部分和敏感信号参数表。

(1)进程说明部分主要定义一些局部量,可包括数据类型、常数、变量、属性、子程序等。但需注意,在进程说明部分中不允许定义信号和共享变量。

(2)顺序描述语句部分可分为赋值语句、进程启动语句、子程序调用语句、顺序描述语句和进程跳出语句等,它们包括如下内容。

① 信号赋值语句,即在进程中将计算或处理的结果向信号赋值。

② 变量赋值语句,即在进程中以变量的形式存储计算的中间值。

③ 进程启动语句,当 PROCESS 的敏感信号参数表中没有列出任何敏感量时,进程只能通过进程启动语句 WAIT 语句启动。这时可以利用 WAIT 语句监视信号的变化情况,以便决定是否启动进程。WAIT 语句可以看成是一种隐式的敏感信号表。

④ 子程序调用语句,对已定义的过程和函数进行调用,并参与计算。

⑤ 顺序描述语句,包括 IF 语句、CASE 语句、LOOP 语句、NULL 语句等。

⑥ 进程跳出语句,包括 NEXT 语句、EXIT 语句,用于控制进程的运行方向。

(3) 敏感信号参数表需列出用于启动本进程可读入的信号名(当有 WAIT 语句时例外)。

3. 进程要点

从设计者的认识角度看,VHDL 程序与普通软件语言构成的程序有很大的不同,普通软件语言中的语句的执行方式和功能实现十分具体和直观,编程中,几乎可以立即做出判断。但 VHDL 程序,特别是进程结构,设计者应当从三个方面去判断它的功能和执行情况:①基于 CPU 的纯软件的行为仿真运行方式;②基于 VHDL 综合器的综合结果所可能实现的运行方式;③基于最终实现的硬件电路的运行方式。

与其他语句相比,进程语句结构具有更多的特点,对进程的认识和进行进程设计需要注意以下几方面的问题。

(1) 在同一结构体中的任一进程是一个独立的无限循环程序结构,但进程中却不必放置诸如软件语言中的返回语句,它的返回是自动的。进程只有两种运行状态,即执行状态和等待状态。进程是否进入执行状态,取决于是否满足特定的条件,如敏感变量是否发生变化。如果满足条件,即进入执行状态,当遇到 END PROCESS 语句时即停止执行,自动返回到起始语句 PROCESS,进入等待状态。

(2) 必须注意,PROCESS 中的顺序语句的执行方式与通常的软件语言中的语句的顺序执行方式有很大的不同。软件语言中每一条语句的执行是按 CPU 的机器周期的节拍顺序执行的,每一条语句的执行时间与 CPU 的工作方式、工作晶振的频率、机器周期及指令周期的长短有密切的关系;但在 PROCESS 中,一个执行状态的运行周期,即从 PROCESS 的启动执行到遇到 END PROCESS 为止所花的时间与任何外部因素都无关(从综合结果来看),甚至与 PROCESS 语法结构中的顺序语句的多少都没有关系,其执行时间从行为仿真的角度看只有一个 VHDL 模拟器的最小分辨时间,即一个 d 时间;但从综合和硬件运行的角度看,其执行时间是 0,这与信号的传输延时无关,与被执行的语句的实现时间也无关。即在同一 PROCESS 中,10 条语句和 1 000 条语句的执行时间是一样的。这就是为什么用进程的顺序语句方式也同样能描述全并行的逻辑工作方式的道理。

(3) 虽然同一结构体中的不同进程是并行运行的,但同一进程中的逻辑描述语句则是顺序运行的,因而在进程中只能设置顺序语句。

(4) 进程的激活必须由敏感信号表中定义的任一敏感信号的变化来启动,否则必须有一个显式的 WAIT 语句来激励。这就是说,进程既可以通过敏感信号的变化来启动,也可以由满足条件的 WAIT 语句来激活;反之,在遇到不满足条件的 WAIT 语句后进程将被挂起。因此,进程中必须定义显式或隐式的敏感信号。如果一个进程对一个信号集合总是敏感的,那么,我们可以使用敏感表来指定进程的敏感信号。但是,在一个使用了敏感表的进程(或者由该进程所调用的子程序)中不能含有任何等待语句。

(5) 结构体中多个进程之所以能并行同步运行,一个很重要的原因是进程之间的通信是通过传递信号和共享变量值来实现的。所以相对于结构体来说,信号具有全局特性,它是进程间进行并行联系的重要途径。因此,在任一进程的进程说明部分不允许定义信号和共享变量(共享变量是 VHDL1993 增加的内容)。

(6)进程是 VHDL 重要的建模工具。与 BLOCK 语句不同的一个重要方面是,进程结构不但为综合器所支持,而且进程的建模方式将直接影响仿真和综合结果。

(7)进程有组合进程和时序进程两种类型,组合进程只产生组合电路,时序进程产生时序和相配合的组合电路,这两种类型的进程设计必须密切注意 VHDL 语句应用的特殊方面,这在多进程的状态机的设计中,各进程有明确分工。设计中,需要特别注意的是,组合进程中所有输入信号,包括赋值符号右边的所有信号和条件表达式中的所有信号,都必须包含于此进程的敏感信号表中,否则,当没有被包括在敏感信号表中的信号发生变化时,进程中的输出信号不能按照组合逻辑的要求得到即时的新的信号,VHDL 综合器将会给出错误判断,将误判为设计者有存储数据的意图,即判断为时序电路。这时 VHDL 综合器将会为对应的输出信号引入一个保存原值的锁存器,这样就打破了设计组合进程的初衷。在实际电路中,这类组合进程的运行速度、逻辑资源效率和工作可靠性都将受到不良影响。时序进程必须是列入敏感表中某一时钟信号的同步逻辑,或同一时钟信号使结构体中的多个时序进程构成同步逻辑。当然,一个时序进程也可以利用另一进程(组合或时序进程)中产生的信号作为自己的时钟信号。

5.3.4 子程序

子程序是一个 VHDL 程序模块,这个模块是利用顺序语句来定义和完成算法的,因此只能使用顺序语句,这一点与进程十分相似。所不同的是,子程序不能像进程那样可以从本结构体的其他块或进程结构中直接读取信号值或者向信号赋值。此外,VHDL 子程序与其他软件语言程序中的子程序的应用目的是相似的,即能更有效地完成重复性的计算工作。子程序的使用方式只能通过子程序调用及与子程序的界面端口进行通信。子程序的应用与元件例化(元件调用)是不同的,如果在一个设计实体或另一个子程序中调用子程序后,并不像元件例化那样会产生一个新的设计层次。

子程序可以在 VHDL 程序的三个不同位置进行定义,即在程序包、结构体和进程中定义。但由于只有在程序包中定义的子程序可被几个不同的设计所调用,所以一般应该将子程序放在程序包中。

VHDL 子程序具有可重载性的特点,即允许有许多重名的子程序,但这些子程序的参数类型及返回值数据类型是不同的。子程序的可重载性是一个非常有用的特性。子程序有两种类型,即过程(procedure)和函数(function)。过程的调用可通过其界面提供多个返回值,或不提供任何值,而函数只能返回一个值。在函数入口中,所有参数都是输入参数,而过程有输入参数、输出参数和双向参数。过程一般被看作一种语句结构,常在结构体或进程中以分散的形式存在,而函数通常是表达式的一部分,常在赋值语句或表达式中使用。过程可以单独存在,其行为类似于进程,而函数通常作为语句的一部分被调用。

在使用中必须注意,综合后的子程序将映射于目标芯片中的一个相应的电路模块,且每一次调用都将在硬件结构中产生对应于具有相同结构的不同的模块,这一点与在普通的软件中调用子程序有很大的不同。在 PC 机或单片机软件程序执行中(包括 VHDL 的行为仿真),无论对程序中的子程序调用多少次,都不会发生计算机资源如存储资源不够用的情况,但在面向 VHDL 的综合中,每调用一次子程序都意味着增加了一个硬件电路模块。因此,在使用中,要密切关注和严格控制子程序的调用次数。

1. 函数

在 VHDL 中有多种函数形式,如用于不同目的的用户自定义函数和在库中现成的具有专用功能的预定义函数。例如转换函数和决断函数。转换函数用于从一种数据类型到另一种数据类型的转换,如在元件例化语句中利用转换函数可允许不同数据类型的信号和端口间进行映射;决断函数用于在多驱动信号时解决信号竞争问题。

函数的语言表达格式如下:

```
FUNCTION 函数名（参数表）RETURN 数据类型      --函数首
FUNCTION 函数名 参数表 RETURN 数据类型 IS     --函数体
[说明部分]
BEGIN
顺序语句;
END FUNCTION 函数名;
```

函数定义一般由两部分组成,即函数首和函数体,在进程或结构体中不必定义函数首,而在程序包中必须定义函数首。

1) 函数首

函数首是由函数名、参数表和返回值的数据类型三部分组成的,如果将所定义的函数组织成程序包入库的话,必须定义函数首,这时的函数首就相当于一个入库货物名称与货物位置表,入库的是函数体。函数首的名称即为函数的名称,需放在关键词 FUNCTION 之后,此名称可以是普通的标识符,也可以是运算符,运算符必须加上双引号,这就是所谓的运算符重载。运算符重载就是对 VHDL 中现存的运算符进行重新定义,以获得新的功能。新功能的定义是靠函数体来完成的,函数的参数表是用来定义输出值的,所以不必以显式表示参数的方向,函数参量可以是信号或常数,参数名需放在关键词 CONSTANT 或 SIGNAL 之后。如果没有特别说明,则参数被默认为常数。如果要将一个已编制好的函数并入程序包,函数首必须放在程序包的说明部分,而函数体需放在程序包的包体内。如果只是在一个结构体中定义并调用函数,则仅需函数体即可。由此可见,函数首的作用只是作为程序包的有关此函数的一个接口界面。

2) 函数体

函数体包含一个对数据类型、常数、变量等的局部说明,以及用以完成规定算法或转换的顺序语句部分。一旦函数被调用,就执行这部分语句。在函数体结尾需以关键词 END FUNCTION 以及函数名结尾。

VHDL 允许以相同的函数名定义函数,但要求函数中定义的操作数具有不同的数据类型,以便调用时用以分辨不同功能的同名函数。即同样名称的函数可以用不同的数据类型作为此函数的参数定义多次,以此定义的函数称为重载函数。函数还可以允许用任意位矢长度来调用。作为强类型语言,VHDL 不允许不同数据类型的操作数间进行直接操作或运算。为此,在具有不同数据类型操作数构成的同名函数中,可定义以运算符重载式的重载函数,这种函数为不同数据类型间的运算带来极大的方便。

2. 过程

VHDL 中,子程序的另外一种形式是过程 PROCEDURE,过程的语句格式是:

```
PROCEDURE 过程名(参数表)          --过程首
PROCEDURE 过程名(参数表)IS
[说明部分]
BIGIN                             --过程体
```

125

```
        顺序语句;
        END PROCEDURE 过程名;
```

与函数一样,过程也由两部分组成,即由过程首和过程体构成,过程首也不是必需的,过程体可以独立存在和使用。即在进程或结构体中不必定义过程首,而在程序包中必须定义过程首。

1)过程首

过程首由过程名和参数表组成。参数表可以对常数、变量和信号三类数据对象目标做出说明,并用关键词 IN、OUT 和 INOUT 定义这些参数的工作模式,即信息的流向如果没有指定模式,则默认为 IN。以下是三个过程首的定义示例。

```
        PROCEDURE PRO1(VARIABLE A,B:INOUT REAL);
        PROCEDURE PRO2(CONSTANT AL:IN INTEGER);
        VARIABLE B1:OUT INTEGER;
        PROCEDURE PRO3(SIGNAL SIG:INOUT BIT);
```

过程 PRO1 定义了两个实数双向变量 A 和 B;过程 PRO2 定义了两个参量。第一个是常数 A1,它的数据类型为整数,流向模式是 IN,第二个参量是变量,信号模式和数据类型分别是 OUT 和整数;过程 PRO3 中只定义了一个信号参量,即 SIG,它的流向模式是双向 INOUT,数据类型是 BIT。一般,可在参量表中定义三种流向模式,即 IN、OUT 和 INOUT。如果只定义了 IN 而未定义目标参量类型,则默认为常量;若只定义了 INOUT 或 OUT,则默认目标参量类型是变量。

2)过程体

过程体是由顺序语句组成的,过程的调用即启动了对过程体的顺序语句的执行。与函数一样,过程体中的说明部分只是局部的,其中的各种定义只能适用于过程体内部。过程体的顺序语句部分可以包含任何顺序执行的语句,包括 WAIT 语句。但需注意,如果一个过程是在进程中调用的,且这个进程已列出了敏感参量表,则不能在此过程中使用 WAIT 语句。在不同的调用环境中,可以有两种不同的语句方式对过程进行调用,即顺序语句方式或并行语句方式。对于前者,在一般的顺序语句自然执行过程中,一个过程被执行,则属于顺序语句方式,因为这时它只相当于一条顺序语句的执行;对于后者,一个过程相当于一个小的进程,当这个过程处于并行语句环境中时,其过程体中定义的任一 IN 或 INOUT 的目标参量(即数据对象、变量、信号、常数)发生改变时,将启动过程的调用,这时的调用是属于并行语句方式的。过程与函数一样可以重复调用或嵌套式调用。综合器一般不支持含有WAIT 语句的过程。

5.3.5 库和程序包

在利用 VHDL 进行工程设计中,为了提高设计效率以及使设计遵循某些统一的语言标准或数据格式,有必要将一些有用的信息汇集在一个或几个库中以供调用。这些信息可以是预先定义好的数据类型、子程序等设计单元的集合体(程序包),或预先设计好的各种设计实体(元件库程序包)。因此,可以把库看成是一种用来存储预先完成的程序包、数据集合体和元件的仓库。如果要在一项 VHDL 设计中用到某一程序包,就必须在这项设计中预先打开这个程序包,使此设计能随时使用这一程序包中的内容。在综合过程中,每当综合器在较高层次的 VHDL 源文件中遇到库语言,就将随库指定的源文件读入,并参与综合。这就是说,在综合过程中,所要调用的库必须以 VHDL 源文件的方式存在,并能使综合器随时读入使用。为此必须在这一设计实体前使用库语句和 USE 语句。一般,在 VHDL 程序中被声明打开的库和程序包,对于本项设计是可视的,那么这些库中的内容就可以被设计项目所调用。有些库被 IEEE 认可,成为 IEEE 库,IEEE 库存放了 IEEE 标准 1076 中标准设计单元,如 Synopsys 公司的 STD_LOGIC_UNSIGNED 程序包等。通常,库中放置不同数量的程序包,而程序包中又可放置不同数量的子程序;子程序中又含有函数、过程、设计实体(元件)等基础设计单元。VHDL 语言的库分为两类:一类是设计库,如在具体设计项目中设定的目录所对应的 WORK 库;另一类是资源库,资源库是常规元件和标准模块存放的库,如 IEEE 库。设计库对当前项目是默认可视的,无须用 LIBRARY 和 USE 等语句以显式声明。

库 LIBRARY 的语句格式如下:

```
LIBRARY 库名;
```

这一语句即相当于为其后的设计实体打开了以此库名命名的库,以便设计实体可以利用其中的程序包。如语句"LIBRARY IEEE;"表示打开 IEEE 库。

例如:

```
Library IEEE;                        --选用 IEEE 标准库
USE IEEE.std_logic_1164.ALL;        --程序包名
USE IEEE.std_logic_unsigned.ALL;    --ALL 表示使用库/程序包中的所有定义
```

1. 库的分类

VHDL 程序设计中常用的库有以下几种。

1) IEEE 库

IEEE 库是 VHDL 设计中最为常见的库,它包含有 IEEE 标准的程序包和其他一些支持工业标准的程序包。IEEE 库中的标准程序包主要包括 STD_LOGIC_1164、NUMERIC_BIT 和 NUMERIC_STD 等程序包。其中的 STD_LOGIC_1164 是最重要和最常用的程序包,大部分基于数字系统设计的程序包都是以此程序包中设定的标准为基础的。

此外,还有一些程序包虽非 IEEE 标准,但由于其已成事实上的工业标准,也都并入了 IEEE 库。这些程序包中,最常用的是 Synopsys 公司的 STD_LOGIC_ARITH、STD_LOGIC_SIGNED 和 STD_LOGIC_UNSIGNED 程序包,目前流行于我国的大多数 EDA 工具都支持 Synopsys 公司的程序包。一般基于大规模可编程逻辑器件的数字系统设计,IEEE 库中的四个程序包 STD_LOGIC_1164、STD_LOGIC_ARITH、STD_LOGIC_SIGNED 和 STD_LOGIC_UNSIGNED 已足够使用。另外需要注意的是,在 IEEE 库中符合 IEEE 标准的程序包并非符合 VHDL 语言标准,如 STD_LOGIC_1164 程序包。因此在使用 VHDL 设计实体的前面必须以显式表达出来。

2) STD 库

VHDL 语言标准定义了两个标准程序包,即 STANDARD 和 TEXTIO 程序包(文件输入/输出程序包)它们都被收入在 STD 库中,只要在 VHDL 应用环境中,即可随时调用这两个程序包中的所有内容,即在编译和综合过程中,VHDL 的每一项设计都自动地将其包含进去了。由于 STD 库符合 VHDL 语言标准,在应用中不必如 IEEE 库那样以显式表达出来,如在程序中,以下的库使用语句是不必要的。

```
LIBRARY STD;
USE STD.STANDARD.ALL;
```

3) WORK 库

WORK 库是用户的 VHDL 设计的现行工作库,用于存放用户设计和定义的一些设计单元和程序包,因而是用户的临时仓库,用户设计项目的成品、半成品模块,以及先期已设计好的元件都放在其中。WORK 库自动满足 VHDL 语言标准,在实际调用中,也不必以显式预先说明。基于 VHDL 所要求的 WORK 库的基本概念,在 PC 机或工作站上利用 VHDL 进行项目设计,不允许在根目录下进行,而是必须为此设定一个目录,用于保存所有此项目的设计文件,VHDL 综合器将此目录默认为 WORK 库。但必须注意,工作库并不是这个目录的目录名,而是一个逻辑名。VHDL 综合器将指示器指向该目录的路径。VHDL 标准规定工作库总是可见的,因此,不必在 VHDL 程序中明确指定。

4) VITAL 库

使用 VITAL 库,可以提高 VHDL 门级时序模拟的精度,因而只在 VHDL 仿真器中使用。库中包含时序程序包 VITAL_TIMING 和 VITAL_PRIMITIVES VITAL。程序包已经成为 IEEE 标准,在当前的 VHDL 仿真器的库中,VITAL 库中的程序包都已经并到 IEEE 库中。实际上,由于各 FPGA、CPLD 生产厂商的适配工具都能为各自的芯片生成带时序信息的 VHDL 门级网表,用 VHDL 仿真器仿真该网表可以得到非常精确的时序仿真结果。因此,基于实用的观点,在 FPGA、CPLD 设计开发过程中,一般并不需要 VITAL 库中的程序包。

除了以上提到的库外,EDA 工具开发商为了 FPGA、CPLD 开发设计上的方便,都有自己的扩展库和相应的程序包,如 DATAIO 公司的 GENERICS 库、DATAIO 库等以及上面提到的 Synopsys 公司的一些库。在 VHDL 设计中,有的 EDA 工具将一些程序包和设计单元放在一个目录下,而将此目录名,如"WORK"作为库名,如 Synplicity 公司的 Synplify。有的 EDA 工具是通过配置语句结构来指定库和库中的程序包的,这时的配置即成为一个设计实体中最顶层的设计单元。

此外,用户还可以自己定义一些库,将自己的设计内容或通过交流获得的程序包设计实体并入这些库中。

2. 库的用法

在 VHDL 语言中,库的说明语句总是放在实体单元前面。这样,在设计实体内的语句就可以使用库中的数据和文件。由此可见,库的用处在于使设计者可以共享已经编译过的设计成果。VHDL 允许在一个设计实体中同时打开多个不同的库,但库之间必须是相互独立的。

 5.4　VHDL 顺序语句

顺序语句(sequential statements)和并行语句(concurrent statements)是 VHDL 程序设计中两大基本描述语句系列。在逻辑系统的设计中,这些语句从多侧面完整地描述了数字系统的硬件结构和基本逻辑功能,其中包括通信的方式、信号的赋值、多层次的元件例化以及系统行为等。本章主要介绍顺序描述语句的基本用法。顺序语句是相对于并行语句而言的。顺序语句的特点是,每一条顺序语句的执行(指仿真执行)顺序是与它们的书写顺序基本一致的。顺序语句只能出现在进程和子程序中,子程序包括函数和过程。VHDL 中的顺序语句与传统的软件编程语言中的语句的执行方式十分相似。所谓顺序,主要指的是语句的执行顺序,或者说,在行为仿真中语句的执行次序。但应注意的是,这里的顺序是从仿真软件的运行或顺应 VHDL 语法的编程逻辑思路而言的,其相应的硬件逻辑工作方式未必如此。

在 VHDL 中,一个进程是由一系列顺序语句构成的,而进程本身属并行语句,也就是说,在同一设计实体中,所有的进程是并行执行的。然而任一给定的时刻内在每一个进程内,只能执行一条顺序语句(基于行为仿真)。一个进程与其设计实体的其他部分进行数据交换只能通过信号或端口实现。如果要在进程中完成某些特定的算法和逻辑操作,也可以通过依次调用子程序来实现,但子程序本身并无顺序和并行语句之分。利用顺序语句可以描述逻辑系统中的组合逻辑、时序逻辑或它们的综合体。

5.4.1　进程中的赋值语句

本节讨论在一个进程或一个子程序中的顺序赋值语句的执行情况。赋值语句的功能就是将一个值或一个表达式的运算结果传递给某一数据对象,如信号或变量,或由此组成的数组。VHDL 设计实体内的数据传递以及对端口界面外部数据的读写都必须通过赋值语句的运行来实现。

赋值语句有两种,即信号赋值语句和变量赋值语句。每一种赋值语句都由三个基本部分组成,它们是赋值目标、赋值符号和赋值源。赋值目标是所赋值的受体,它的基本元素只能是信号或变量,但表现形式可以有多种,如文字、标识符、数组等。赋值符号只有两种,信号赋值符号是"＜＝",变量赋值符号是"：＝"。赋值源是赋值的主体,它可以是一个数值,也可以是一个逻辑或运算表达式。VHDL 规定,赋值目标与赋值源的数据类型必须严格一致。

变量赋值与信号赋值的区别在于,变量具有局部特征,它的有效性只局限于所定义的一个进程中,或一个子程序中,它是一个局部的、暂时性数据对象(在某些情况下),对于它的赋值是立即发生的(假设进程已启动),即一种时间延迟为零的赋值行为。信号则不同,信号具有全局性特征,它不但可以作为一个设计实体内部各单元之间数据传送的载体,而且可通过信号与其他的实体进行通信(端口本质上也是一种信号),信号的赋值并不是立即发生的,它发生在一个进程结束时。赋值过程总是有某种延时的,它反映了硬件系统的重要特性,综合后可以找到与信号对应的硬件结构,如一根传输导线、一个输入/输出端口或一个 D 触发器等。

但是,必须注意,千万不要从以上对信号和变量的描述中得出结论:变量赋值只是一种纯软件效应,不可能产生与之对应的硬件结构。事实上,变量赋值的特性是 VHDL 语法的要求,是行为仿真流程的规定。实际情况是,在某些条件下变量赋值行为与信号赋值行为所产生的硬件结果是相同的,如都可以向系统引入寄存器。

变量赋值语句和信号赋值语句的语法格式如下。

```
变量赋值目标:=赋值源;
信号赋值目标<=赋值源;
```

在信号赋值中,当在同一进程中,同一信号赋值目标有多个赋值源时,信号赋值目标获得的是最后一个赋值源的赋值,其前面相同的赋值目标不作任何变化。

5.4.2　IF 语句

IF 语句是一种条件语句,它根据语句中所设置的一种或多种条件,有选择地执行指定的顺序语句。IF 语句的语句结构有以下三种。

1.　用作阀门控制时的 IF 语句

书写格式为:

```
IF 条件句 Then
顺序语句
END IF;
```

2. 用作二选择控制时的 IF 语句

书写格式为：

```
IF 条件句 Then
顺序语句
ELSE
顺序语句
END IF;
```

3. 用作多选择控制时的 IF 语句

书写格式为：

```
IF 条件句 Then
顺序语句
ELSIF 条件句 Then
顺序语句
...
ELSE
顺序语句
END IF;
```

IF 语句中至少应有一个条件句,条件句必须由 BOOLEAN 表达式构成。IF 语句根据条件句产生的判断结果 TRUE 或 FALSE,有条件地选择执行其后的顺序语句。第一种条件语句的执行情况是,当执行到此句时,首先检测关键词 IF 后的条件表达式的布尔值是否为真(TRUE),条件为真,于是(THEN)顺序执行条件句中列出的各条语句,直到 END IF,即完成全部 IF 语句的执行。如果条件检测为假(FALSE),则跳过以下的顺序语句不予执行,直接结束 IF 语句的执行。这是一种最简化的 IF 语句表达形式。

图 5-3　2 选 1 电路

【例 5-8】 使用 IF 语句描述如图 5-3 所示的 2 选 1 电路。

```
LIBRARY IEEE;
USE IEEE.STD_LOGIC_1164.ALL;
ENTITY mux2 IS
  PORT(a,b,en:IN BIT;
       c:OUT BIT);
END mux2;
ARCHITECTURE aa OF mux2 IS
BEGIN
  PROCESS(a,b)
  BEGIN
    c<=b;
    IF (en='1') THEN
      c<=a;
    END IF;
  END PROCESS;
END aa;
```

【例 5-9】 用 IF-THEN-ELSE 语句描述如图 5-3 同样的 2 选 1 电路。

```
LIBRARY IEEE;
USE IEEE.STD_LOGIC_1164.ALL;
ENTITY mux2 IS
  PORT(a,b,en:IN BIT;
       c:OUT BIT);
END mux2;
ARCHITECTURE aa OF mux2 IS
BEGIN
  PROCESS(a,b)
  BEGIN
    IF(en='1')THEN
      c<=a;
    ELSE
      c<=b;
    END IF;
  END PROCESS;
END aa;
```

【例 5-10】 用 IF－THEN－ELSIF－THEN－ELSE 语句描述如图 5-4 所示的 4 选 1 电路。

```
LIBRARY IEEE;
USE IEEE.STD_LOGIC_1164.ALL;
ENTITY mux4 IS
  PORT(input:IN STD_LOGIC_VECTOR(0 TO 3);
       en:IN STD_LOGIC_VECTOR(1 DOWNTO 0);
       y:OUT STD_LOGIC);
END mux4;
ARCHITECTURE aa OF mux4 IS
BEGIN
  PROCESS(input,en)
  BEGIN
   IF (en="00") THEN
     y<=input(0);
   ELSIF (en="01") THEN
     y<=input(1);
   ELSIF (en="10") THEN
      y<=input(2);
   ELSE
      y<=input(3);
   END IF;
  END PROCESS;
END aa;
```

图 5-4　4 选 1 电路

5.4.3　CASE 语句

CASE 语句根据满足的条件直接选择多项顺序语句中的一项执行。

CASE 语句的一般格式为:

```
CASE 表达式 IS
    WHEN   条件表达式 1=>顺序处理语句 1;
    WHEN   条件表达式 2=>顺序处理语句 2;
    …
END  CASE;
```

此外,条件表达式还可有如下的表示形式。

(1) WHEN 值＝＞顺序处理语句;　　　　　　　——单个值

(2) WHEN 值｜值｜值｜…｜值＝＞顺序处理语句;　——多个值的"或"

(3) WHEN 值 TO 值＝＞顺序处理语句;　　　　——一个取值范围

(4) WHEN OTHERS＝＞顺序处理语句;　　　　——其他所有的缺省值

当执行到 CASE 语句时,首先计算表达式的值,然后根据条件句中与之相同的选择值,执行对应的顺序语句,最后结束 CASE 语句。表达式可以是一个整数类型或枚举类型的值,也可以是由这些数据类型的值构成的数组(请注意,条件句中的"＝＞"不是操作符,它只相当于"THEN"的作用)。

多条件选择值的一般表达式为:

```
选择值 [｜选择值]
```

选择值可以有以下四种不同的表达方式。

(1) 单个普通数值,如 4。

(2) 数值选择范围如(2 TO 4),表示取值为 2、3 或 4。

(3) 并列数值,如 3｜5,表示取值为 3 或者 5。

(4) 混合方式,以上三种方式的混合。

使用 CASE 语句需注意以下几点。

(1) 条件句中的选择值必在表达式的取值范围内。

(2) 除非所有条件句中的选择值能完整覆盖 CASE 语句中表达式的取值,否则最末一个条件句中的选择必须用"OTHERS"表示,它代表已给的所有条件句中未能列出的其他可能的取值。关键词 OTHERS 只能出现一次,且只能作为最后一种条件取值。使用 OTHERS 的目的是使条件句中的所有选择值能涵盖表达式的所有取值,以免综合器会插入不必要的锁存器。这一点对于定义为 STD_LOGIC 和 STD_LOGIC_VECTOR 数据类型的值尤为重要,因为这些数据对象的取值除了 1 和 0 以外,还可能有其他的取值,如高阻态 Z、不定态 X 等。

图 5-5　4 选 1 电路

(3) CASE 语句中每一条件句的选择值只能出现一次,不能有相同选择值的条件语句出现。

(4) CASE 语句执行中必须选中,且只能选中所列条件语句中的一条。这表明 CASE 语句中至少要包含一个条件语句。

【例 5-11】　用 CASE 语句描述如图 5-5 所示的 4 选 1 电路。

```
LIBRARY IEEE;
USE IEEE.STD_LOGIC_1164.ALL;
ENTITY mux4 IS
```

```
      PORT(a,b,i0,i1,i2,i3:IN STD_LOGIC;
           q:OUT STD_LOGIC);
END mux4;
ARCHITECTURE bb OF mux4 IS
SIGNAL sel:INTEGER RANGE 0 TO 3;
BEGIN
  PROCESS(a,b,i0,i1,i2,i3)
  BEGIN
    sel<=0;
    IF (a='1') THEN
      sel<=sel+1;
    END IF;
    IF (b='1') THEN
      sel<=sel+2;
    END IF;
      CASE sel IS
        WHEN 0=>q<=i0;
        WHEN 1=>q<=i1;
        WHEN 2=>q<=i2;
        WHEN 3=>q<=i3;
      END CASE;
  END PROCESS;
END bb;
```

【例 5-12】 用带有 WHEN OTHERS 语句的 CASE 语句描述如图 5-6 所示的地址译码器。

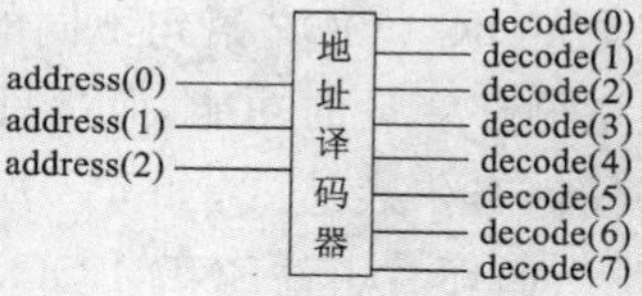

```
LIBRARY IEEE;
USE IEEE.STD_LOGIC_1164.ALL;
ENTITY decode3_8 IS
  PORT(address:IN STD_LOGIC_VECTOR(2 DOWNTO 0);
       decode:OUT STD_LOGIC_VECTOR(7 DOWNTO 0));
END decode3_8;
ARCHITECTURE cc OF decode3_8 IS
BEGIN
  PROCESS(address)
  BEGIN
    CASE address IS
      WHEN "001"=>decode<=X"11"; --X 表示十六进制,赋值为"00010001"
      WHEN "111"=>decode<=X"22";
      WHEN "101"=>decode<=X"44";
      WHEN "010"=>decode<=X"88";
      WHEN others=>decode<=X"00";
    END CASE;
  END PROCESS;
END cc;
```

图 5-6 地址译码器

5.4.4 LOOP 语句

LOOP 语句就是循环语句,它可以使所包含的一组顺序语句被循环执行,其执行次数可由设定的循环参数决定。LOOP 语句的表达方式有以下两种。

1. FOR 循环语句

FOR 循环语句的一般格式如下。

```
[循环标号:]  FOR 循环变量 IN 范围 LOOP
             顺序处理语句
          END LOOP[循环标号];
```

范围表示循环变量在循环过程中依次取值的范围。

这种循环方式是一种最简单的语句形式,它的循环方式需引入其他控制语句(如 EXIT 语句)后才能确定,LOOP 标号可任选。FOR 后的循环变量是一个临时变量,属 LOOP 语句的局部变量,不必事先定义。这个变量只能作为赋值源,不能被赋值,它由 LOOP 语句自动定义。使用时应当注意,在 LOOP 语句范围内不要再使用其他与此循环变量同名的标识符。循环次数范围规定 LOOP 语句中的顺序语句被执行的次数。循环变量从循环次数范围的初值开始,每执行完一次顺序语句后递增 1,直至达到循环次数范围指定的最大值。

LOOP 循环的范围最好以常数表示,否则,在 LOOP 体内的逻辑可以重复任何可能的范围,这样将导致耗费过大的硬件资源,综合器不支持没有约束条件的循环。

2. WHILE_LOOP 语句

其语法格式如下。

```
[标号:] WHILE 循环控制条件 LOOP
        顺序语句
     END LOOP[标号];
```

与 FOR_LOOP 语句不同的是,WHILE_LOOP 语句并没有给出循环次数范围,没有自动递增循环变量的功能,而是只给出了循环执行顺序语句的条件。这里的循环控制条件可以是任何布尔表达式,如 a=0,或 a>b。当条件为 TRUE 时,继续循环;当条件为 FALSE 时,跳出循环,执行"END LOOP"后的语句。

5.4.5 NEXT 语句

NEXT 语句主要用在 LOOP 语句执行中进行有条件的或无条件的转向控制。它的语句格式有以下三种。

```
NEXT;                            - -第一种语句格式
NEXT LOOP 标号;                   - -第二种语句格式
NEXT LOOP 标号 WHEN 条件表达式;     - -第三种语句格式
```

对于第一种语句格式,当 LOOP 内的顺序语句执行到 NEXT 语句时,即刻无条件终止当前的循环,跳回到本次循环 LOOP 语句处,开始下一次循环。对于第二种语句格式,即在 NEXT 旁加"LOOP 标号"后的语句功能,与未加 LOOP 标号的功能是基本相同的,只是当有多重 LOOP 语句嵌套时,前者可以转跳到指定标号的 LOOP 语句处,重新开始执行循环操作。第三种语句格式中,分句"WHEN 条件表达式"是执行 NEXT 语句的条件,如果条件表达式的值为 TRUE,则执行 NEXT 语句,进入转跳操作,否则继续向下执行。若只有单层 LOOP 循环语句时,关键词 NEXT 与 WHEN 之间的 LOOP 标号可以省去。

5.4.6 EXIT 语句

EXIT 语句与 NEXT 语句具有十分相似的语句格式和转跳功能,它们都是 LOOP 语句的内部循环控制语句。EXIT 的语句格式也有三种。

```
EXIT;                          - -第一种语句格式
EXIT LOOP 标号;                 - -第二种语句格式
EXIT LOOP 标号 WHEN 条件表达式;   - -第三种语句格式
```

这里,每一种语句格式操作功能非常相似,唯一的区别是 NEXT 语句转跳的方向是 LOOP 标号指定的 LOOP 语句处,当没有 LOOP 标号时,转跳到当前 LOOP 语句的循环起始点,而 EXIT 语句的转跳方向是 LOOP 标号指定的 LOOP 循环语句的结束处,即完全跳出指定的循环,并开始执行此循环外的语句。这就是说,NEXT 语句是跳向 LOOP 语句的起始点,而 EXIT 语句则是跳向 LOOP 语句的终点。只要清晰地把握这一点就不会混淆这两种语句的用法。

5.4.7 WAIT(等待)语句

在进程或过程中执行到 WAIT 语句时,运行程序将被挂起,并视设置的条件再次执行。WAIT 语句的一般格式为:

```
WAIT  [ON 信号表]  [UNTIL 条件表达式]  [FOR 时间表达式];
```

WAIT 语句可设置的条件有以下几种。

```
WAIT;                    - -无限等待,一般不用
WAIT ON 信号表;          - -敏感信号量变化,激活运行程序
WAIT UNTIL 条件表达式;    - -条件为"真",激活运行程序
WAIT FOR 时间表达式;      - -时间到,运行程序继续执行
```

5.4.8 NULL(空操作)语句

NULL 语句是一种只占位置的空处理操作,执行到该句只是使程序走到下一条语句。NULL 语句的一般格式为:

```
NULL;
```

5.5 VHDL 并行语句

并行语句又称为并发语句,VHDL 语言中的基本并行语句有进程语句、并行信号赋值语句、条件信号赋值语句、选择信号赋值语句、并行过程调用语句、块语句、元件例化语句和生成语句等,其中最重要的是进程语句。

相对于传统的软件描述语言,并行语句结构是最具硬件描述语言特色的。在 VHDL 中,并行语句有多种语句格式,各种并行语句在结构体中的执行是同步进行的,或者说是并行运行的,其执行方式与书写的顺序无关。在执行中,并行语句之间可以有信息往来,也可以是互为独立、互不相关、异步运行的(如多时钟情况)。每一并行语句内部的语句运行方式可以有两种不同的方式,即并行执行方式(如块语句)和顺序执行方式(如进程语句)。显然,VHDL 并行语句勾画出了一幅充分表达硬件电路的真实的运行图景。例如在一个电路系统中,有一个加法器和一个可预置计数器加法器中的逻辑是并行运行的,而计数器中的逻辑是顺序运行的,它们之间可以独立工作、互不相关,也可以将加法器运行的结果作为计数器的预置值,进行相关工作,或者用引入的控制信号,使它们同步工作等。

图 5-7 所示的是在一个结构体中各种并行语句运行的示意图。这些语句不必同时存在,每一个语句模块都可以独立异步运行,模块之间并行运行,并通过信号来交换信息。应注意 VHDL 中的并行运行概念的特殊性,这里所谓的并行有多层含义,即模块间的运行方式可以有同时运行、同步运行、异步运行等方式,从电路的工作方式上讲,可以包括组合逻辑运行方式、同步逻辑运行方式和异步逻辑运行方式等。

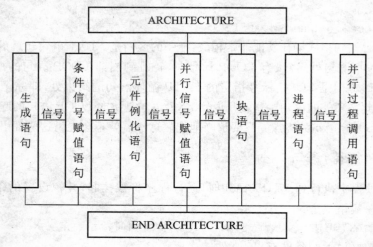

图 5-7   结构体中的并行语句模块

5.5.1   并行信号赋值语句

并行信号赋值(concurrent signal assignment)语句又称为代入语句,其语句的一般格式为:

    赋值对象< = 表达式;

例如,Y<=A NOR(B NAND C);

赋值语句可以在进程内部使用,此时它以顺序语句的形式出现;也可以在进程之外使用,此时它以并行语句的形式出现。一个并行信号赋值语句实际上是一个进程的缩写。

【例 5-13】   并行信号赋值语句实例。

```
ARCHITECTURE behave OF io IS
BEGIN
  output<=a(i);
END behave;
```

等价于:

```
ARCHITECTURE behave OF io IS
BEGIN
  PROCESS(a,i)              --敏感信号表中的敏感信号量是 a,i
  BEGIN
    output<=a(i);
  END PROCESS;
END behave;
```

5.5.2   条件信号赋值语句

条件信号赋值(conditional signal assignment)语句(WHEN-ELSE)可根据不同条件将

多个表达式之一的值赋给信号量。其一般格式为：

```
信号量<=表达式 1  WHEN  条件 1  ELSE
表达式 2  WHEN  条件 2  ELSE
…
表达式 N-1 WHEN  条件 N-1 ELSE
表达式 N;
```

若满足条件，则表达式的结果赋给信号量，否则，再判断下一个表达式所指定的条件。

在结构体中的条件信号赋值语句的功能与在进程中的 IF 语句相同，执行条件信号语句时，每一赋值条件是按书写的先后关系逐项测定的，一旦发现（赋值条件＝TRUE），立即将表达式的值赋给赋值目标变量。从这个意义上讲，条件赋值语句与 IF 语句具有十分相似的顺序性（注意，条件赋值语句中的 ELSE 不可省），这意味着，条件信号赋值语句将第一个满足关键词 WHEN 后的赋值条件所对应的表达式中的值，赋给赋值目标信号。

这里的赋值条件的数据类型是布尔量，当它为真时表示满足赋值条件，最后一项表达式可以不跟条件子句，用于表示以上各条件都不满足时，则将此表达式赋予赋值目标信号。由此可知，条件信号语句允许有重叠现象，这与 CASE 语句具有很大的不同，应注意辨别。

【例 5-14】 用 WHEN-ELSE 语句描述 4 选 1 数据选择器。

```
LIBRARY IEEE;
USE IEEE.STD_LOGIC_1164.ALL;
ENTITY mux4_1 IS
PORT(a,b,c,d:IN STD_LOGIC;
      s:IN STD_LOGIC_VECTOR(1 DOWNTO 0);
      y:OUT STD_LOGIC);
END mux4_1;
ARCHITECTURE ee OF mux4_1 IS
BEGIN
  y<=a WHEN s= "00" ELSE
     b WHEN s="01" ELSE
     c WHEN s="10" ELSE
     d;
END ee;
```

5.5.3 选择信号赋值语句

选择信号赋值语句（WITH-SELECT-WHEN）的一般格式为：

```
WITH 选择表达式 SELECT
信号量<=表达式 1  WHEN  选择值 1,
        表达式 2  WHEN  选择值 2,
        …
        表达式 N  WHEN  选择值 N;
```

选择信号赋值语句本身不能在进程中应用，但其功能却与进程中的 CASE 语句的功能相似。CASE 语句的执行依赖于进程中敏感信号的改变而启动进程，而且要求 CASE 语句中各子句的条件不能有重叠，必须包容所有的条件。选择信号语句中也有敏感量，即关键词 WITH 旁的选择表达式，每当选择表达式的值发生变化时，就将启动此语句对各子句的选择值进行测试对比，当发现有满足条件的子句时，就将此子句表达式中的值赋给赋值目标信号。与 CASE 语句相类似，选择赋值语句对子句条件选择值的测试具有同期性，不像以上的条件信号赋值语句那样是按照子句的书写顺序从上至下逐条测试的。因此，选择赋值语句不允许有条件重叠的现象,也不允许存在条件涵盖不全的情况。

注意,条件信号赋值语句的信号量根据选择表达式的当前值而赋值,选择表达式的所有值必须被列在 WHEN 从句中,并且相互独立;选择信号赋值语句的每一子句结尾是逗号,最后一句是分号,而条件赋值语句每一子句的结尾没有任何标点,只有最后一句有分号。

【例 5-15】 用 WITH-SELECT-WHEN 语句描述四选一数据选择器。

```
LIBRARY IEEE;
USE IEEE.STD_LOGIC_1164.ALL;
ENTITY mux4_1 IS
  PORT(a,b,c,d:IN STD_LOGIC;
        s:IN STD_LOGIC_VECTOR(1 DOWNTO 0);
        y:OUT STD_LOGIC);
END mux4_1;
ARCHITECTURE ee OF mux4_1 IS
BEGIN
WITH s SELECT
  y<=a WHEN "00",
      b WHEN "01",
      c WHEN "10",
      d WHEN OTHERS;
END ee;
```

5.5.4 ASSERT 语句

ASSERT(断言)语句只能在 VHDL 仿真器中使用,综合器通常忽略此语句。ASSERT语句判断指定的条件是否为 TRUE,如果为 FALSE,则报告错误。语句格式是:

```
ASSERT 条件表达式
REPORT 字符串
SEVERITY 错误等级 [SEVERITY_LEVEL];
```

如果出现 SEVERITY 子句,则该子句一定要指定一个类型为 SEVERITY_LEVEL 的值。SEVERITY_LEVEL 共有四种可能的值,如表 5-11 所示。

表 5-11 SEVERITY_LEVEL 四种可能的值

NOTE	可以用在仿真时传递信息
WARNING	用在非平常的情形,此时仿真过程仍可持续,但结果可能是不可预知的
ERROR	用在仿真过程继续执行下去已经不可行的情况
FAILURE	用在发生了致命错误,仿真过程必须立即停止的情况

ASSERT 语句可以作为顺序语句使用,也可以作为并行语句使用。作为并行语句时,ASSERT 语句可看成一个被动进程。

5.5.5 COMPONENT 语句

元件声明语句用于调用已生成的元件,这些元件可能在库中,也可能是预先编写的元件实体描述。

元件语句的格式:

```
COMPONENT 元件名
PORT 说明;
端口说明
END COMPONENT;
```

元件语句可以在 ARCHITECTURE、PACKAGE 和 BLOCK 的说明部分。

5.5.6 元件例化语句

元件例化就是引入一种连接关系,将预先设计好的设计实体定义为一个元件,然后利用特定的语句将此元件与当前的设计实体中的指定端口相连接,从而为当前设计实体引入一个新的低一级的设计层次。在这里,当前设计实体相当于一个较大的电路系统,所定义的例化元件相当于一个要插在这个电路系统板上的芯片,而当前设计实体中指定的端口则相当于这块电路板上准备接受此芯片的一个插座。元件例化是使 VHDL 设计实体构成自上而下层次化设计的一种重要途径。

在一个结构体中调用子程序,包括并行过程的调用非常类似于元件例化,因为通过调用,为当前系统增加了一个类似于元件的功能模块。但这种调用是在同一层次内进行的,并没有因此而增加新的电路层次,这类似于在原电路系统增加了一个电容或一个电阻。

元件例化是可以多层次的,在一个设计实体中被调用安插的元件本身也可以是一个低层次的当前设计实体,因而可以调用其他的元件,以便构成更低层次的电路模块。因此,元件例化就意味着在当前结构体内定义了一个新的设计层次,这个设计层次的总称是元件,但它可以以不同的形式出现。如上所说,这个元件可以是已设计好的一个 VHDL 设计实体,可以是来自 FPGA 元件库中的元件,它们可能是以别的硬件描述语言,如 Verilog 设计的实体;元件还可以是软的 IP 核,或者是 FPGA 中的嵌入式硬 IP 核。

元件例化语句由两部分组成:第一部分是对一个现成的设计实体定义为一个元件;第二部分则是此元件与当前设计实体中的连接说明,它们的语句格式如下:

```
COMPONENT 元件名 IS
GENERIC (类属表);                          -- 元件定义语句
PORT (端口名表);
END COMPONENT 文件名;
例化名:元件名 PORT MAP(                    -- 元件例化语句
[端口名 =>] 连接端口名 … );
```

以上两部分语句在元件例化中都是必须存在的。第一部分语句是元件定义语句,相当于对一个现成的设计实体进行封装,使其只留出对外的接口界面,就像一块集成芯片只留几个引脚在外一样,它的类属表可列出端口的数据类型和参数,端口名表可列出对外通信的各端口名。元件例化的第二部分语句即元件例化语句,其中的例化名是必须存在的,它类似于标在当前系统(电路板)中的一个插座名,而元件名则是准备在此插座上插入的、已定义好的元件名。PORT MAP 是端口映射的意思,其中的端口名是在元件定义语句中的端口名表中已定义好的元件端口的名字,连接端口名则是当前系统与准备接入的元件对应端口相连的通信端口,相当于插座上各插针的引脚名。

元件例化语句中所定义的元件的端口名与当前系统的连接端口名的接口表达有两种方式。一种是名字关联方式。在这种关联方式下,例化元件的端口名和关联(连接)符号"=>"两者都是必须存在的。这时,端口名与连接端口名的对应式,在 PORT MAP 句中的位置可以是任意的。另一种是位置关联方式。若使用这种方式,端口名和关联连接符号都可省去,在 PORT MAP 子句中,只要列出当前系统中的连接端口名就行了,但要求连接端口名的排列方式与所需例化的元件端口定义中的端口名一一对应。

【例 5-16】 如图 5-8 所示的 4 位移位寄存器,由 4 个相同的 D 触发器(d_ff)组成,用元件例化语句描述如下。

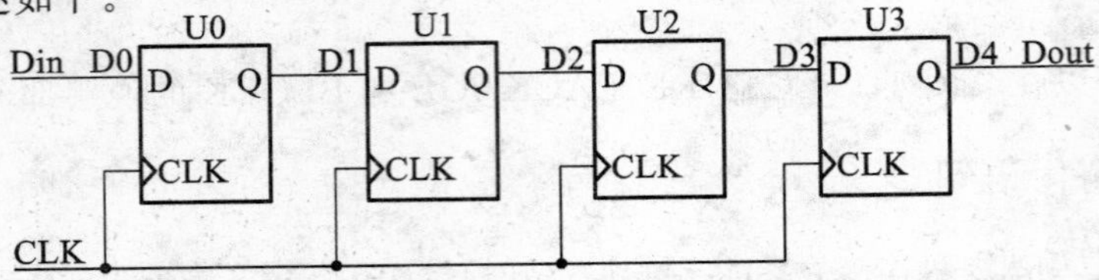

图 5-8 由 4 个相同的 D 触发器组成的 4 位移位寄存器

```
LIBRARY IEEE;
USE IEEE.STD_LOGIC_1164.ALL;
ENTITY shifter4 IS
  PORT(din,clk:IN BIT;
       dout:OUT BIT);
END shifter4;
ARCHITECTURE gg OF shifter4 IS
  COMPONENT d_ff                                  --组件定义
    PORT(D,clk:IN BIT;
         Q:OUT BIT);
  END COMPONENT d_ff;
SIGNAL d:BIT_VECTOR(0 TO 4);
BEGIN
  d(0)<=din;
  U0:d_ff PORT MAP(d(0),clk,d(1));                --位置关联
  U1:d_ff PORT MAP(d(1),clk,d(2));
  U2:d_ff PORT MAP(D=>d(2),clk=>dk,Q=>d(3));      --名字关联
  U3:d_ff PORT MAP(D=>d(3),clk=>clk,Q=>d(4));
  dout<=d(4);
END gg;
```

5.5.7 GENERATE 语句

生成语句用来描述电路中有规则和重复性的结构。

生成语句的格式一般有下面两种。

1. FOR GENEATE 结构

[标号:]FOR 循环变量 IN 取值范围 GENERATE

       [类属说明;]

         并行处理语句;

END GENERATE [标号];

2. IF GENERATE 结构

[标号:]IF 条件表达式 GENERATE

       [类属说明;]

         并行处理语句;

END GENERATE [标号];

生成语句可以简化为有规则设计结构的逻辑描述。生成语句有一种复制作用,在设计中,只要根据某些条件,设定好某一元件或设计单位,就可以利用生成语句复制一组完全相同的并行元件或设计单元电路结构。

这两种语句格式都是由如下四部分组成的。

(1)生成方式:有 FOR 语句结构或 IF 语句结构,用于规定并行语句的复制方式。

(2)说明部分:这部分包括对元件数据类型、子程序、数据对象做一些局部说明。

(3)并行语句:生成语句结构中的并行语句是用来"Copy"的基本单元,主要包括元件、进程语句、块语句、并行过程调用语句、并行信号赋值语句,甚至生成语句,这表示生成语句允许存在嵌套结构,因而可用于生成元件的多维阵列结构。

(4)标号:生成语句中的标号并不是必需的,但如果在嵌套式生成语句结构中就是十分重要的。对于 FOR 语句结构,主要是用来描述设计中的一些有规律的单元结构,其生成参数及其取值范围的含义和运行方式与 LOOP 语句十分相似,但需注意,从软件运行的角度上看,FOR 语句格式中生成参数(循环变量)的递增方式具有顺序的性质,但从最后生成的设计结构却是完全并行的,这就是为什么必须用并行语句来作为生成设计单元的缘故。

生成参数(循环变量)是自动产生的,它是一个局部变量,根据取值范围自动递增或递减。取值范围的语句格式与 LOOP 语句是相同的,有两种形式。

```
表达式 TO 表达式;            -- 递增方式,如 1 TO 5
表达式 DOWNTO 表达式;         -- 递减方式,如 5 DOWNTO 1
```
其中的表达式必须是整数。

【例 5-17】 用 FOR　GENERATE 语句描述图 5-8 所示的 4 位移位寄存器。

```
LIBRARY IEEE;
USE IEEE.STD_LOGIC_1164.ALL;
ENTITY shifter4d IS
  PORT(din,clk:IN BIT;
       dout:OUT BIT);
END shifter4d;
ARCHITECTURE ggg OF shifter4d IS
  COMPONENT d_ff
    PORT(D,clk:IN BIT;
         Q:OUT BIT);
  END COMPONENT d_ff;
SIGNAL d:BIT_VECTOR(0 TO 4);
BEGIN
  d(0)<=din;
  G:FOR i IN 0 TO 3 GENERATE          --生成 4 个相同的 D 触发器
    U:d_ff PORT MAP(d(i),clk,d(i+1));  --组件映像
    END GENERATE G;
  dout<=d(4);
END ggg;
```

5.6　属性描述语句

VHDL 中预定义属性描述语句有许多实际的应用,可用于对信号或其他项目的多种属性检测或统计。VHDL 中可以具有属性的项目有:①类型、子类型;②过程、函数;③信号、

变量、常量；④实体、结构体、配置、程序包；⑤元件；⑥语句标号。

属性是以上各类项目的特性，某一项目的特定属性或特征通常可以用一个值或一个表达式来表示，通过 VHDL 的预定义属性描述语句就可以加以访问。属性的值与数据对象（信号、变量和常量）的值完全不同，在任一给定的时刻，一个数据对象只能具有一个值，但却可以具有多个属性。VHDL 还允许设计者自己定义属性（即用户定义的属性）。

表 5-12 所示是常用的预定义属性。其中综合器支持的属性有 LEFT、RIGHT、HIGH、LOW、RANGE、REVERS_RANGE、LENGTH、EVENT、STABLE。预定义属性描述语句实际上是一个内部预定义函数，其语句格式是属性测试项目名'属性标识符。属性测试项目即属性对象，可由相应的标识符表示。以下仅就可综合的属性项目使用方法进行简单说明。

表 5-12　预定义的属性函数表

属 性 名	功能与含义	适 用 范 围
LEFT[(n)]	返回类型或者子类型的左边界，用于数组时，n 表示二维数组行序号	类型、子类型
RIGHT[(n)]	返回类型或者子类型的右边界，用于数组时，n 表示二维数组行序号	类型、子类型
HIGH[(n)]	返回类型或者子类型的上限值，用于数组时，n 表示二维数组行序号	类型、子类型
LOW[(n)]	返回类型或者子类型的下限值，用于数组时，n 表示二维数组行序号	类型、子类型
LENGTH[(n)]	返回数组范围的总长度（范围个数），用于数组时，n 表示二维数组行序号	数组
STRUCTURE[(n)]	如果块或结构体只含有元件具体装配语句或被动进程时，属性'STURCTURE 返回 TRUE	块、构造
BEHAVIOR	如果由块标志指定块或者由构造名指定结构体，又不含有元件具体装配语句，则'BEHAVIOR 返回 TRUE	块、构造
POS(value)	参数 value 的位置序号	枚举类型
VAL(value)	参数 value 的位置值	枚举类型
SUCC(value)	比 value 的位置序号大的一个相邻位置值	枚举类型
PRED(value)	比 value 的位置序号大的一个相邻位置值	枚举类型
LEFTOF(value)	在 value 左边位置的相邻值	枚举类型
RIGHTOF(value)	在 value 右边位置的相邻值	枚举类型
EVENT	如果当前的 A 期间发生了事件，则返回 TRUE，否则返回 FALSE	信号
ACTIVE	如果当前的 A 期间内发生了事件，则返回 TRUE，否则返回 FALSE	信号
LAST_EVENT	从信号最近一次的发生事件至今所经历的时间	信号
LAST_VALUE	最近一次事件发生之前信号的值	信号
LAST_ACTIVE	返回自信号前面一次事件处理至今所经历的时间	信号

属　性　名	功能与含义	适用范围
DELAYED[（time）]	建立和参考信号同类型的信号,该信号紧跟在参考信号之后,并有一个可选的时间表达式指定延迟时间	信号
STABLE[（time）]	每当在可选的时间表达式指定的时间内信号无事件时,该属性建立一个值为 TRUE 的布尔型信号	信号
QUIET[（time）]	每当参考信号在可选的时间内无事项处理时,该属性建立一个值为 TRUE 的布尔型信号	信号
TRANSACTION	在此信号上有事件发生,在每个事项处理过程中,它的值翻转时,该属性建立一个 BIT 型的信号（每次信号有效时,重复返回 0 和 1 的值）	信号
RANGE[（n）]	返回按指定排序范围,参数 n 指定二维数组的第 n 行	数组
REVERSE_RANGE[（n）]	返回按指定逆序范围,参数 n 指定二维数组的第 n 行	数组

注:'LEFT、'RIGHT、'LENGTH 和'LOW 用来得到类型或者数组的边界。

'POS、'VAL、'SUCC、'LEFTOF 和'RIGHTOF 用来管理枚举类型。

'ACTIVE、'EVENT、'LAST_ACTIVE、'LAST_EVENT 和'LAST_VALUE 当事件发生时用来返回有关信息。

1. 信号类属性

信号类属性中,最常用的当属 EVENT。例如短语"clock'EVENT"就是对以 clock 为标识符的信号,在当前的一个极小的时间段 d 内发生事件的情况进行检测。所谓发生事件,就是电平发生变化,从一种电平方式转变到另一种电平方式。如果在此时间段内,clock 由 0 变成 1,或由 1 变成 0,都认为发生了事件,于是这句测试事件发生与否的表达式将向测试语句,如 IF 语句,返回一个 BOOLEAN 值为 TRUE,否则为 FALSE。

如果将以上短语"clock'EVENT"改成语句:

```
clock'EVENT AND clock='1'
```

则表示对 clock 信号上升沿的测试。即一旦测试到 clock 有一个上升沿时,此表达式将返回一个布尔值 TRUE。当然,这种测试是在过去的一个极小的时间段 d 内进行的,之后又测得 clock 为 1,从而满足此语句所列条件"clock='1'",因而也返回 TRUE,两个"TRUE"相与后仍为 TRUE。由此便可以从当前的"clock＝'1'"推断,在此前的 d 时间段内,clock 必为 0。因此,以上的表达式可以用来对信号 clock 的上升沿进行检测。

2. 数据区间类属性

数据区间类属性有'RANGE[（n）]和'REVERSE_RANGE[（n）]。这类属性函数主要是对属性项目取值区间进行测试,返还的内容不是一个具体值,而是一个区间,它们的含义如表 5-12 所示。对于同一属性项目,'RANGE 和'REVERSERANGE 返回的区间次序相反,前者与原项目次序相同,后者相反。

3. 数值类属性

在 VHDL 中的数值类属性测试函数主要有'LEFT、'RIGHT、'HIGH、'LOW,它们的功能如表 5-12 所示。这些属性函数主要用于对属性测试目标一些数值特性进行测试。

4. 数组属性

'LENGTH 函数的用法与其他函数的用法相似,只是对数组的宽度或元素的个数进行测定。

5. 用户定义属性

属性与属性值的定义格式如下。

ATTRIBUTE 属性名：数据类型；

ATTRIBUTE 属性名 OF 对象名：对象类型 IS 值；

　　VHDL 综合器和 VHDL 仿真器通常使用自定义的属性实现一些特殊的功能，由 VHDL 综合器和 VHDL 仿真器支持的一些特殊的属性一般都包含在 EDA 工具厂商的程序包里，例如 Synplify 综合器支持的特殊属性都在 synplify. attributes 程序包中，使用前加入以下语句即可。

LIBRARY synplify;

USE synplicity.attributes.all;

　　又如，在 DATA I/O 公司的 VHDL 综合器中，可以使用属性 pinnum 为端口锁定芯片引脚。

习　　题

1. VHDL 程序的基本语法结构由哪些部分组成？
2. VHDL 的结构体有几种描述方式，分别是什么？
3. VHDL 的标识符需要遵守哪些规则？
4. VHDL 的数据对象有哪些？
5. VHDL 语言的四类运算符包括什么？
6. 利用 IF 语句构造一个模块图如图 5-9 所示的 D 触发器，其中，数据输入端为 D，脉冲输入端为 CLK，当 CLK 为上升沿时（即由 0 变为 1 时），输出 Q＝D。
7. 用 IF 语句设计一个模块图如图 5-10 所示的二选一数据选择器，使其满足如下条件：①当 S＝0 时，输出 Y＝A0；②当 S＝1 时，输出 Y＝A1。其中，A0、A1 和 S 为输入端，Y 为输出端。

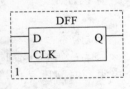

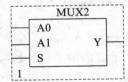

图 5-9　D 触发器　　　　　图 5-10　二选一数据选择器

8. 用 IF 语句设计一个模块图如图 5-11 所示的四选一数据选择器，使其满足如下条件：①当 S＝00 时，Y＝D0；②当 S＝01 时，Y＝D1；③当 S＝10 时，Y＝D2；④当 S＝11 时，Y＝D3。其中，D[3...0]和 S[1...0]为输入端，Y 为输出端。
9. 用 case-when 语句描述一个模块图，如图 5-12 所示的七段显示译码器，译码器图形符号如 5-12 所示，规定 1 表示线段亮，0 表示线段暗。其中，Y(6)代表 a 线段，Y(5)代表 b 线段，依次类推，Y(0)代表 g 线段。

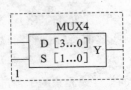

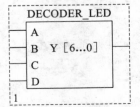

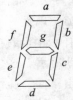

图 5-11　四选一数据选择器　　　　　图 5-12　七段显示译码器

第6章 EDA 的开发工具 MAX+plus Ⅱ

MAX+plus Ⅱ是美国 Altera 公司自行设计的一种 EDA 开发工具,其全称为 multiple array matrix and programmable logic user systems。它具有原理图输入和文本输入(采用硬件描述语言)两种输入手段。还支持波形及 EDIF 等格式的文件及任意混合的设计。它是 EDA 设计中不可缺少的一种有用工具。在 MAX+plus Ⅱ上可以完成设计输入、元件适配、时序仿真和功能仿真、编程下载整个流程,它提供了一种与结构无关的设计环境,使设计者能方便地进行设计输入、快速处理和器件编程。

6.1 MAX+plus Ⅱ开发系统的特点

MAX+plus Ⅱ 开发系统的特点如下。

1. 开放的界面

MAX+plus Ⅱ与 Cadence、Exemplarlogic、Mentor Graphics、Synplicty 和 Viewlogic 等厂家紧密合作,使 MAX+plus Ⅱ软件可与大多工业标准的设计输入、综合与校验工具兼容。

2. 与结构无关

MAX+plus Ⅱ 系统的核心 Complier 支持 Altera 公司的 FLEX10K、FLEX8000、FLEX6000、MAX9000、MAX7000、MAX5000 和 Classic 可编程逻辑器件,提供了世界上唯一真正与结构无关的可编程逻辑设计环境。

3. 完全集成化

MAX+plus Ⅱ的设计输入、处理与校验功能全部集成在统一的开发环境下,这样可以加快动态调试、缩短开发周期。

4. 丰富的设计库

MAX+plus Ⅱ提供丰富的库单元供设计者调用,其中包括 74 系列的全部器件和多种特殊的逻辑功能以及新型的参数化的兆功能。调用库单元进行设计,可以大大减少设计人员的工作量,缩短设计研发周期。

5. 模块化工具

设计人员可以从各种设计输入、处理和校验选项中进行选择,从而使设计环境用户化。必要时还可以根据用户需要增减功能。

6. 硬件描述语言(HDL)

MAX+plus Ⅱ软件支持各种 HDL 设计输入选项,包括 VHDL、Verilog HDL 和 Altera 自己的硬件描述语言 AHDL。

7. Opencore 特征

MAX+plus Ⅱ软件具有开放核的特点,允许设计人员添加自己认为有价值的宏函数。

6.2 MAX＋plusⅡ基本操作

6.2.1 建立新项目

(1) 启动 MAX＋plusⅡ在 Windows xp 或 Windows 7 界面下,选择"开始"→"程序"→
"MAX＋plusⅡ10.2"命令,进入 MAX＋plusⅡ管理窗口,如图 6-1 所示。

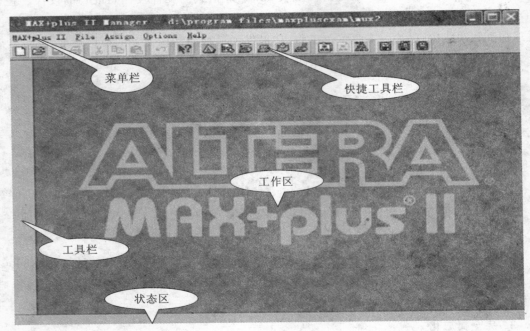

图 6-1　MAX＋plusⅡ管理器

(2) 用 MAX＋plusⅡ编译一个设计文件前,必须先指定一个项目文件,选择"File"→
"Project"→"Name",显示的对话框如图 6-2 所示。

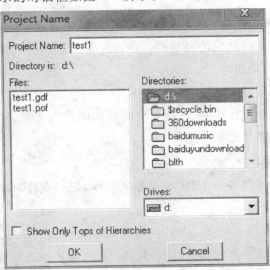

图 6-2　"Project Name"(项目名称)对话框

（3）在"Project Name"文本框中，键入文件名称，如 test1，若要改变 test1 所存储的子目录，用户可在 Directories 栏中修改。

（4）单击"OK"按钮，则 MAX+plus Ⅱ标题栏会变成新的项目名称。

6.2.2　建立新的图形输入文件

（1）选择"File"→"New"命令，出现如图 6-3 所示的"New"对话框。在"New"对话框中可选择输入方法（图形输入、符号输入、文本输入、波形输入），下面以图形输入为例进行说明。

（2）选择 Graphic Editor file（图形输入）后，再单击"OK"按钮，则出现一个无名称的图形编辑窗口，如图6-4所示。图中所示按钮在今后的设计中会经常用到。

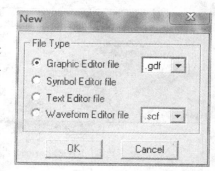

图 6-3　"New"（新建）对话框

工作区域　　　　　　　　　最大化按钮

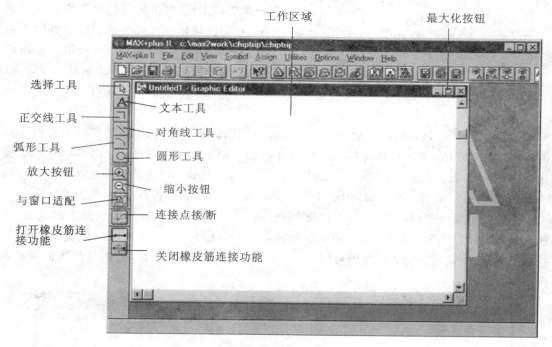

选择工具
正交线工具
弧形工具
放大按钮
与窗口适配
打开橡皮筋连接功能

文本工具
对角线工具
圆形工具
缩小按钮
连接点接/断
关闭橡皮筋连接功能

图 6-4　图形编辑窗口

（3）在无名称的编辑窗口中，选择"File"→"Save"或"Save As"命令，出现"Save As"对话框，在 File Name 文本框中，输入文件名 test1（注意图形文件的默认扩展名为.gdf）。单击"OK"按钮，即将文件 test1.gdf 保存到当前项目的子目录下。

6.2.3　编辑图形输入文件

MAX+plus Ⅱ为实现不同的逻辑功能，提供了大量的图元和宏功能符号来供设计人员在图表编辑器文件中直接使用。其中，Prim（Altera 图元库）包括基本的逻辑块电路，mf（宏功能库）包括所有 74 系列逻辑。输入图元或宏功能块的步骤如下。

（1）选择工具有效时，在图形编辑器窗口的空白处单击以确定输入位置。（这里是初步

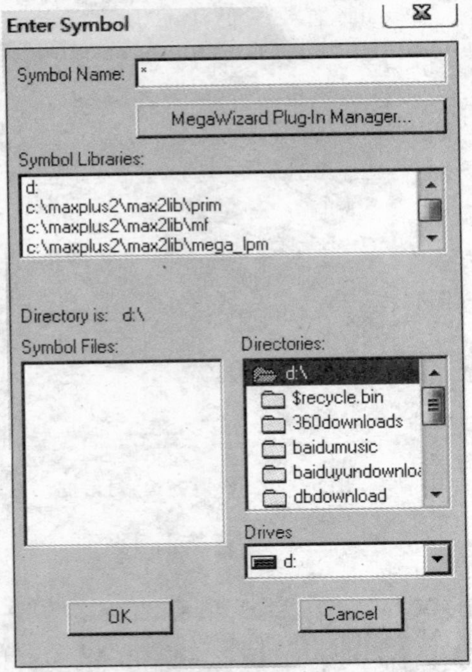

确定位置,元件放入后还可以根据需要摆放,用鼠标选中元件,移动到想放置的位置)

（2）选择 Enter Symbol 或双击鼠标就会出现一个"Enter Symbol"对话框,如图 6-5 所示。在 Symbol Libraries 栏中选择"…\maxplus2\max2lib\prim"路径,所有的 Altera 图元就会出现在图形编辑器中,只要重复上述两步,即可连续选取图元。74 系列符号的输入方法和图元的输入方法相似,只要在 Symbol Libraries 栏中选择"…\maxplus2\max2lib\mf"路径即可。注意:图元的符号表示采用美国的标准,与我国的标准有所不同。

（3）如果需要连接两个端口,可将鼠标移到其中一个端口上,这时鼠标指针自动变为"＋"形状,然后一直按住鼠标左键并将鼠标指针拖到第二个欲连接元件端口,松开左键,一条连线便被画好了,如图 6-6 所示。如果需要删除一根连线,可单击此线使其变成高亮线,然后按 Del 键即可。

图 6-5　"Enter Symbol"对话框

（4）放置输入/输出引脚。放置方法与放置图元相似,即在图形编辑器窗口的空白处双击后,显示出"Enter Symbol"对话框。只要在图画对话框中键入 Input,然后单击"OK"按钮,符号 Input 就会显示在图形编辑器中。若在"Enter Symbol"对话框中键入 Output,则 Output 就会显示出来。在引脚的 Pin-Name 处双击,可以对引脚进行命名,如图 6-7 所示。

如果要重复放置同一个符号,可用复制符号的方法,这样可以提高图形输入的速度,复制符号的具体方法是按下 Ctrl 键,将鼠标放在所要复制的符号上,按住鼠标左键不放,同时拖动鼠标,并把它放在指定位置即可完成。另外还可以单击鼠标右键,选用复制和粘贴命令实现。

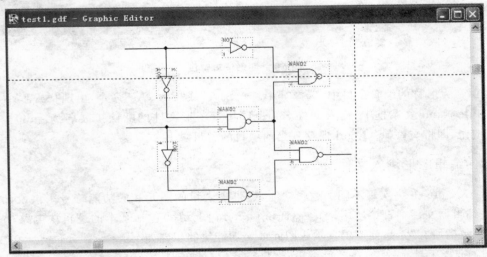

图 6-6　绘图与连接

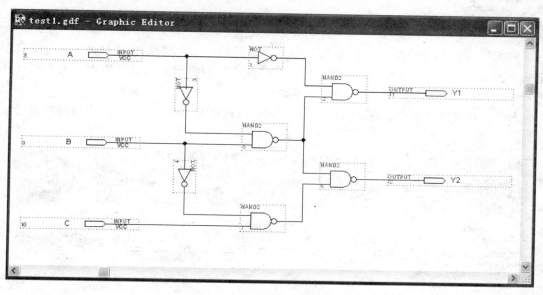

图 6-7 放置输入、输出引脚及命名

单击鼠标右键也可对符号、引脚和引线进行水平或垂直翻转,或旋转 90°、180°和 270°。

除了引脚以外,对引线也可以进行命名。方法是选中需命名的引线,然后输入名字。对于 n 位宽的总线 A 命名,可以采用 A[0...n]形式,其中单个信号可用 A0、A1、A2……An 形式。同一名称的引线即使在图中不相连,它们在逻辑上也是相连的。因此较长或较难连通的连接线只要将它们命名为同一名称,即可相连。

如果引线与引脚同名,则表示这条引线与引脚是相连的,但不能存在相同名称的引脚。

(5)图形编辑器选项。在图形编辑窗口的 Options 菜单中列出了编辑图形时的一些选项,如图 6-8 所示,包括文本的字形和大小控制、线型、显示任务和网络控制等,读者可以根据需要进行选择。

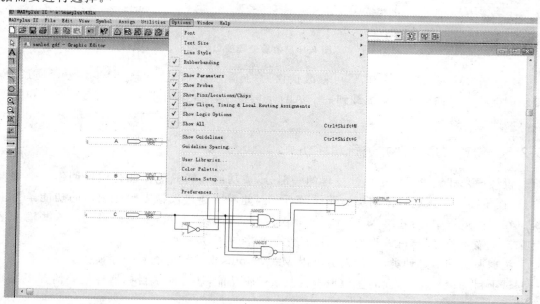

图 6-8 图形编辑选项

6.2.4 编辑项目文件

MAX+plusⅡ编辑器可以检查项目中的错误,并进行逻辑综合,将项目最终设计结果加载到 Altera 器件中,并为模拟和编程产生输出文件。我们将利用编辑器检查输入图形文件的错误,并对编辑后的结果进行功能仿真和时序仿真。

(1) 打开编辑器窗口。在 MAX+plusⅡ菜单内选择 Compiler 菜单项,则出现编辑器窗口,如图 6-9 所示。

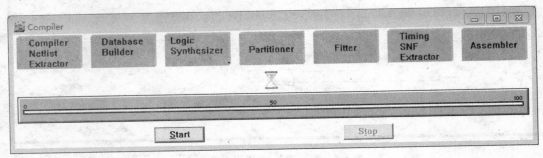

图 6-9 信息处理窗口

(2) 选择 Start,即可开始对所要编辑的项目文件进行处理。在编辑项目文件期间,所有信息、错误和警告将会自动在信息处理窗口中显示出来。如果有错误发生,选中该错误信息,然后单击"Locate"按钮,就会定位该错误所在设计文件中的位置,或者双击错误信息也可以定位,如图 6-10 所示。

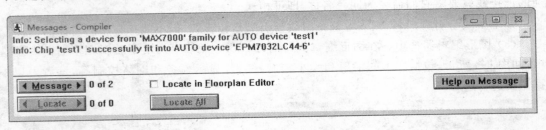

图 6-10 信息处理窗口

(3) 如果输入图形文件有错,可修改错误后,再重复第(1)步和第(2)步。编译通过后,编辑器会将项目的设计结果加载到一个 Altera 器件中,同时产生报告文件、编辑文件和用于仿真的输出文件。

6.2.5 创建波形文件并进行功能仿真

设计输入和编辑仅仅是设计过程的一部分,成功的编辑只能保证为项目创建一个编辑文件,而不能保证该项目按期望的那样运行。因此需要通过模拟来验证项目的功能是否正确。在模拟过程中,需要给 MAX+plusⅡ模拟器进行输入变量,模拟器将利用这些输入信号来产生输出信号(与可编程器在同一条件下产生的信号相同)。

根据所需的信息种类,设计人员可用 MAX+plusⅡ进行功能后时序模拟。功能模拟仅仅测试项目的逻辑功能,而时序模拟不仅测试逻辑功能,还可测试目标器件最差情况下的时间关系。

创建模拟文件和功能模拟的方法如下:

（1）选择"File"→"New"命令，然后选择"Waveform Editor File"，从下拉列表中选择.scf扩展名，并单击"OK"按钮，即可创建一个新的无标题文件，如图 6-11 所示。

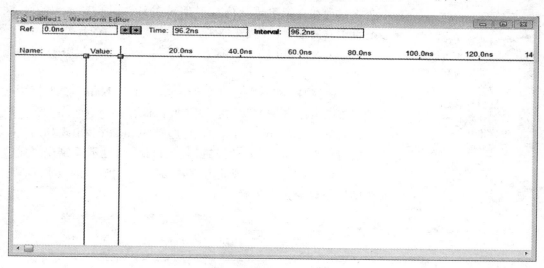

图 6-11　创建新的无标题文件

（2）选择"File"→"End Time"命令，键入 1 μs，单击"OK"按钮，设置了模拟的时间长度为 1 μs。

（3）选择"Options"→"Grid Size"命令，键入 20 ns，单击"OK"按钮，网格时间间距即变成 20 ns。

（4）选择"Node"→"Enter Nodes From SNF"命令，或在窗口内的空白处右击，则"Enter Nodes From SNF"对话框将出现在屏幕上，如图 6-12 所示。仅选中 Type 栏中 Inputs 和 Outputs 项，再选择 List，可列出所有的 Input 和 Output。单击"OK"按钮后，出现波形编辑器。

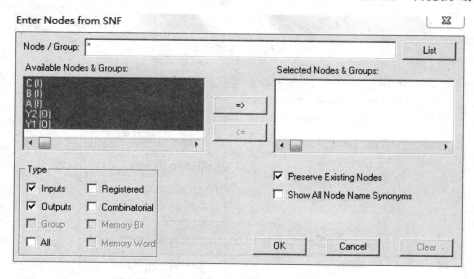

图 6-12　"Enter Nodes from SNF"对话框

（5）此时 Output 为不定态，可根据需要编辑 Input 的状态来观察输出波形，即可以利用界面左边给出的快捷按钮进行波形编辑。　是选择工具，可以用选择工具选择一段波形。

放大工具
缩小工具
窗口适配
改写波形为0
改写波形为1
改写波形为不定态
改写波形为高阻态
翻转波形
设置周期状态工具
设置计数状态工具
设置组状态工具
设置状态机状态工具

图 6-13　小型编辑工具

选中选择工具,在波形编辑区拖动鼠标即可选中一段波形。波形的最小变化不会超过网格间距,故可以改变网格间距设定波形最小变化。现在介绍更灵活的波形编辑工具。图 6-13 给出了各波形编辑工具的主要功能。

(6) 输入 Input 的所有状态(ABC:000、001、010……)如图 6-14 所示。

(7) 选择"File"→"Save As"命令,在 File Name 文本框中会自动出现 test1. scf,然后单击"OK"按钮保存。

(8) 在 MAX+plus Ⅱ 菜单中,选择 Simulator,出现如图 6-15 所示的对话框,单击"Start"按钮,若无错误,则显示零错误零警告框,单击"OK"按钮后,出现波形框,这时可根据输入的波形来观察对应的输出波形是否正确。

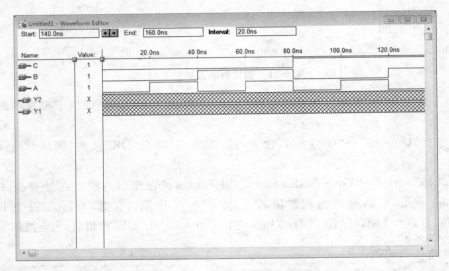

图 6-14　状态显示

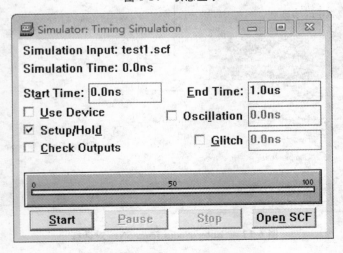

图 6-15　"Simulator:Timing Simulation"对话框

(9) 通过光标键移动参考线,可观察此时参考线处的数据,数据显示在第二列。

（10）利用界面右侧的放大工具将波形放大，会发现输出波形并没有完全与输入波形对应，如图 6-16 所示，这是由延时造成的。

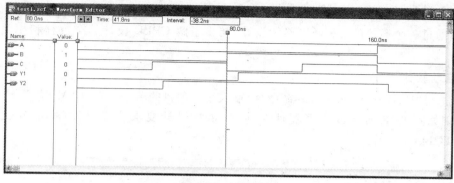

图 6-16　波形观测

6.2.6　进行时序分析

编辑完成后，可以利用 Timing Analyzer（时序分析器）来分析设计项目的性能。时序分析器提供了三种分析模式，如表 6-1 所示。

表 6-1　时序分析器的分析模式说明

延 迟 矩 阵	分析多个源节点和目标节点之间的传播延迟路径
时序逻辑电路性能	分析时序逻辑电路的性能，包括限制性的延迟、最小的时钟周期和最高的电路工作频率
建立/保持矩阵	计算从输入引脚到触发器、锁存器和异步 RAM 的信号输入所需最少的建立和保持时间

在这里只做传输延时分析，选择"Analysis"→"Delay Matrix"命令，然后单击"Start"，则时序分析器立即开始对项目进行分析，并计算项目中每对连接的节点之间的最大和最小传播延时时间，如图 6-17 所示。图 6-17 表格中显示的延时时间与所选的器件的速度有关。至于如何选择编程所用的器件，则会在后文中逐步介绍。

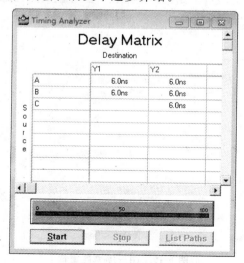

图 6-17　传播延迟分析

6.3 可编程器件下载操作实例

下面通过一个简单的 3-8 译码器的设计，初步了解 CPLD 设计的全过程和相关软件的使用。

1. 启动软件

(1) 选择"File"→"project name"命令，输入设计项目的名字。选择"Assign"→"Device"命令，出现如图 6-18 所示的选择器件对话框，依据设计要求选择器件（本部分一律选用 EP1K10TC144-1 芯片）。

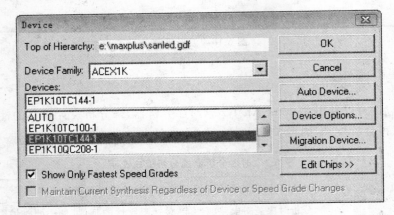

图 6-18 选择器件对话框

> **注意：**这部分选择芯片是要结合各自实验箱来决定的。

(2) 选择"File"→"New"命令，选择 Graphic Editor File，打开原理图编辑器，进行原理图设计输入，如图 6-19 所示。

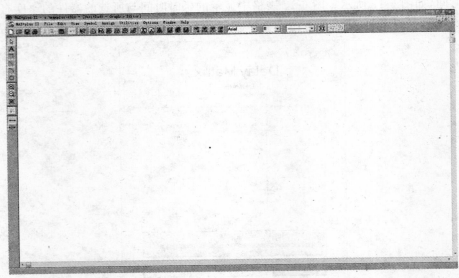

图 6-19 图形编辑器窗口

2. 设计输入

（1）放置器件在原理图上。在原理图编辑器窗口的空白处双击，出现如图6-20所示的对话框。

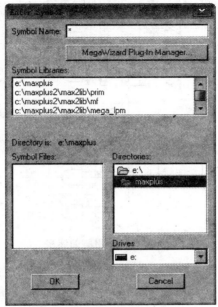

图 6-20　"Enter Symbol"对话框

在光标处输入器件名称或用鼠标单击器件，单击"OK"按钮即可。

如果放置相同元件，只要按住 Ctrl 键，同时用鼠标拖动该元件。

如图 6-21 所示为元件选取后的结果。

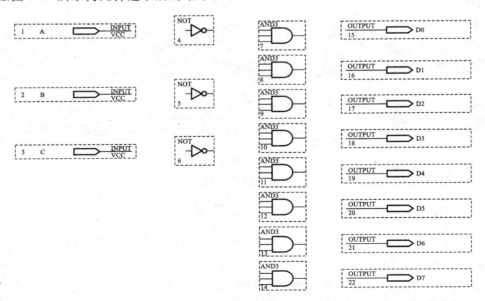

图 6-21　元件的选取

（2）添加连线到器件的管脚上。把鼠标移动到引脚附近，则鼠标指针自动由箭头变为"十"字形，按住鼠标左键拖动，即可画出连线，如图 6-22 所示。

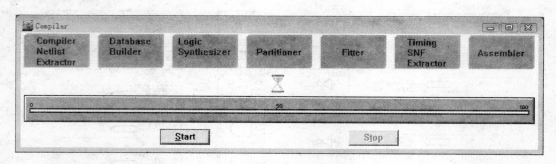

图 6-22　元件引脚的连接

（3）保存原理图。单击"Save"按钮，对于第一次输入的新原理图，会出现类似文件管理器的对话框，选择合适的目录、合适名称后保存刚才输入的原理图，原理图的扩展名为.gdf，本例取名为 test.gdf。

3. 编译

启动 MAX＋plus Ⅱ→ Compiler 菜单，单击"Start"开始编译，如图 6-23 所示。编译结果生成 test.sof、test.pof 文件，以备硬件下载和编程时调用。同时生成 test.rpt 文件，可详细查看编译结果。

<table>
<tr><td colspan="8">■ Compiler　　　　　　　　　　　　　　　　　　　　　　　　▭ ▭ ✕</td></tr>
<tr>
<td>Compiler
Netlist
Extractor</td>
<td>Database
Builder</td>
<td>Logic
Synthesizer</td>
<td>Partitioner</td>
<td>Fitter</td>
<td>Timing
SNF
Extractor</td>
<td>Assembler</td>
</tr>
</table>

　　　　　　　　　　　　　　　⧗

0　　　　　　　　　　　　　50　　　　　　　　　　　100

Start　　　　　　　　Stop

图 6-23　编译

4. 管脚的重新分配、定位

启动 MAX＋plus Ⅱ→ Floorplan Editor 菜单，出现如图 6-24 所示的画面。

5. 电路板上的连线

用任意三个拨位开关代表译码器的输入（A、B、C），将它们分别与 EP1K10TC144-1 对应的管脚相连；用 LED 点亮来表示译码器的输出，再将它们与 EP1K10TC144-1 芯片对应的输出管脚相连。其具体连接方法如下。

（1）代表译码器输入的 A、B、C 管脚连接在 P1 或 P2 处的连接线孔上。P1 从左至右代表拨位开关 D0 至 D7，P2 从左至右代表拨位开关的 D8 至 D15。

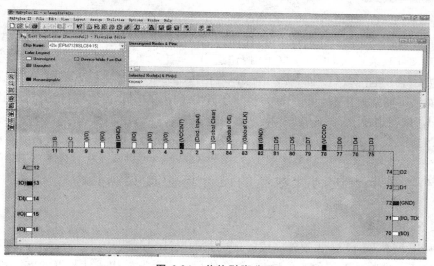

图 6-24 芯片引脚分配

（2）代表译码器输出的 D0 至 D7 管脚连接到 P5 或 P6 处的连接线孔上。下面一排发光二极管从左至右代表 LED0 至 LED7，上面一排发光二极管从左至右代表 LED8 至 LED15。

当 C、B、A 依次从 000 至 111 拨动时，发光二极管 LED0 至 LED7（假设输入连接的是 LED0 至 LED7）依次从左至右被点亮。

6. 器件下载

（1）数字可编程器件下载时，要将 K29 至 K37 的跳线接 1、2 脚；对模拟可编程器件下载时，要将 K29 至 K37 的跳线接 2、3 脚（这一步需要根据不同厂家生产的下载箱而定）。

（2）启动 MAX＋plus Ⅱ→ Programmer 菜单，会弹出一个"Hardware Setup"对话框，选择其中的 Byte Blaster 选项，再单击"OK"按钮后，出现如图 6-25 所示的对话框（"Hardware Setup"对话框中的内容选择好后，以后再启动 MAX＋plus Ⅱ→ Programmer 菜单就不会再显示"Hardware Setup"对话框）。

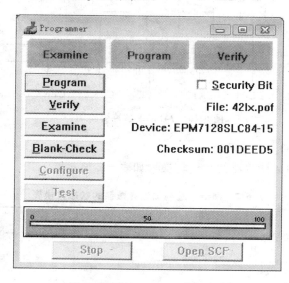

图 6-25 "Programmer"对话框

（3）选择 JTAG/Multi-Device JTAG Chain 菜单项。

（4）启动 JTAG/Multi-Device JTAG Chain Setup 菜单。

（5）单击"Select Programmer File"按钮，选择要下载的 test. pof 文件，然后单击"Add"按钮添加到文件列表中去，再单击"OK"按钮退出。

（6）接好下载电缆线，接通＋5V 电源，单击"Program"按钮完成下载。

（7）如果不能正确下载，可单击"Detect JTAG Chain Info"按钮进行测试，查找原因，然后单击"OK"按钮退出。

（8）回到图 6-25 的状态，单击"Program"按钮完成下载。

6.4 同步十进制计数器的设计与仿真实例

1. 实验目的

（1）利用 MAX＋plus Ⅱ 软件完成时序电路的设计和测试。

（2）验证十进制计数器的工作原理，学会使用集成触发器构成计数器的方法。

2. 实验原理

1）芯片介绍

先介绍 74LS73 芯片（双 JK 触发器），此芯片引脚图如图 6-26 所示。

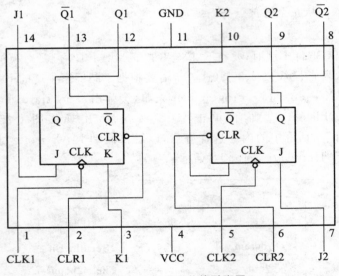

图 6-26　74LS73 芯片引脚图

2）同步时序电路的设计步骤

（1）同步十进制加法计数器的状态转换表如表 6-2 所示。

表 6-2　同步十进制加法计数器的状态转换表

CP	Q4	Q3	Q2	Q1
0	0	0	0	0
1	0	0	0	1
2	0	0	1	0

CP	Q4	Q3	Q2	Q1
3	0	0	1	1
4	0	1	0	0
5	0	1	0	1
6	0	1	1	0
7	0	1	1	1
8	1	0	0	0
9	1	0	0	1
10	0	0	0	0

（2）状态化简。由表 6-2 可知，需用四个 JK 触发器，即使用两个 74LS73 芯片，再利用卡诺图化简得其状态方程为：

$$Q_4^{n+1} = Q_4^n \overline{Q}_1^n + Q_3^n Q_2^n Q_1^n$$
$$Q_3^{n+1} = Q_3^n (\overline{Q}_1^n + \overline{Q}_2^n) + \overline{Q}_3^n Q_2^n Q_1^n$$
$$Q_2^{n+1} = Q_2^n \overline{Q}_1^n + \overline{Q}_4^n Q_1^n \overline{Q}_2^n$$
$$Q_1^{n=1} = \overline{Q}_1^n$$

输出方程为：

$$C = Q_4^n Q_1^n$$

（3）再由 JK 触发器特性方程 $Q^{n+1} = \overline{J} Q^n + \overline{K} Q^n$，得驱动方程为：

$$J_4 = Q_3 Q_2 Q_1, \quad K_4 = Q_1$$
$$J_3 = K_3 = Q_2 Q_1$$
$$J_2 = \overline{Q}_4 Q_1, \quad K_2 = Q_1$$
$$J_1 = K_1 = 1$$

3. 实验电路

由驱动方程可得同步十进制加法计数器的实验电路图如图 6-27 所示。

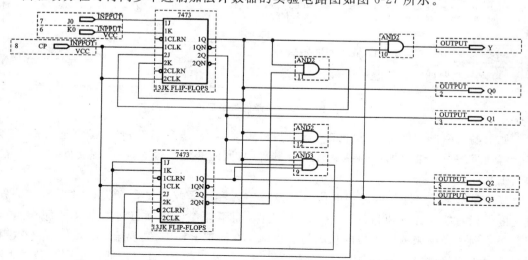

图 6-27 同步十进制加法计数器的电路图

4. 实验测试步骤

（1）建立新项目。使用 MAX＋plus Ⅱ 编译一个文件之前，必须先指定一个项目文件，并为之命名。具体步骤：在 MAX＋plus Ⅱ 管理器窗口下，选择"File"→"Project"→"name"命令，在显示的对话框中对应位置处键入文件名后按回车键。

（2）建立新的图形输入文件。具体步骤是在文件菜单中，选择"File"→"New"命令，在出现的对话框中选择 Graphic Editor file 后按回车键，则出现一个无名称的图形编辑窗口。

（3）编辑图形输入文件。在图形编辑窗口中，利用两个 74LS73 芯片及若干基本门电路建立如图 6-27 所示的同步十进制加法计数器的仿真电路，再选择"File"→"Save"或"Save as"命令保存此编辑图形文件。

（4）编辑项目文件。MAX＋plus Ⅱ 编译器可以检查项目中的错误，并进行逻辑综合，最终将项目设计结果加载到 Altera 器件中，并为模拟和编辑产生输出文件。具体操作步骤：在图形编辑窗口中，在 MAX＋plus Ⅱ 菜单中选择 Compiler 菜单项，则出现仿真电路编译器窗口，如图 6-28 所示。

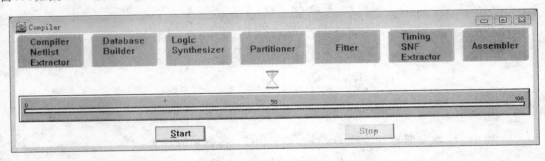

图 6-28　仿真电路编译器窗口

再单击"Start"按钮即可开始对所需编译的项目文件进行处理。在编译项目文件期间，所有信息、错误和警告将会自动在信息处理窗口中显示出来。如果有错误发生，选中该错误信息，然后单击"Locate"按钮，就会定位在该错误所在的设计文件中的位置，如图 6-29 所示。

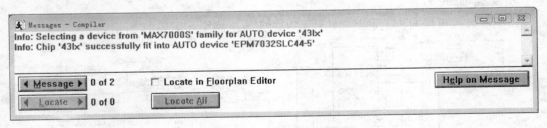

图 6-29　编译信息窗口

如果输入图形文件有错，可修改错误后，再重复第（1）步和第（2）步。编译通过后，编译器会将项目的设计结果加载到一个 Altera 器件中，同时产生报告文件、编程文件和用于仿真的输出文件。

（5）创建波形文件并进行功能仿真。设计输入和编译仅仅是整个设计过程的一部分，成功的编译只能保证为项目创建一个编程文件，而不能保证该项目将按期望的那样运行。因此需要通过模拟来验证项目的功能是否正确。在模拟过程中，需要给 MAX＋plus Ⅱ 模拟器提供输入变量，模拟器将利用这些输入信号来产生输出信号（可编程器件在同一条件下产生的信号相同）。根据所需的信息种类，设计人员可用 MAX＋plus Ⅱ 进行功能或时序模拟。

功能模拟仅测试项目逻辑功能,而时序模拟不仅能测试逻辑文件并在进行功能仿真后可得到如图 6-30 所示的功能仿真图。

5. 实验结论

由图 6-30 所示的功能仿真图可知,图 6-27 所示的电路实现了同步十进制加法计数器功能,从图中还可以看出输出与 CP 之间存在延时。

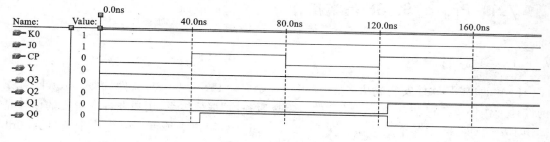

图 6-30 功能仿真图

习 题

1. 简述 MAX＋plusⅡ是一种什么样的软件工具。
2. 在 MAX＋plusⅡ中,从最初的电路设计到 CPLD 芯片编程结束的一般步骤有哪些?
3. 图形输入文件的具体步骤是什么?
4. 在 MAX＋plusⅡ波形编辑窗口中,如何利用工具按钮加输入信号的波形? 每个工具按钮的作用是什么?
5. 在 MAX＋plusⅡ中,用原理图设计一个输入为 A、B,输出为 D0、D1、D2 和 D3 的 2-4 译码器。

第7章 印刷电路板设计软件 Protel 99 SE

7.1 Protel 99 SE 基本操作

7.1.1 创建项目

Protel 99 SE 软件安装成功之后,就可以开始启动 Protel 99 SE 软件,进入 Protel 99 SE 的设计工作环境。根据 Protel 99 SE 的"客户/服务器"框架体系,用户在各个阶段的设计是调用 Protel 99 SE 的各个服务器。在 Protel 99 SE 中,用户必须首先创建一个类型为.ddb 的设计项目数据库。用户以后所有的设计文件都存储在这个数据库中,进行统一管理。

用户新建一个设计项目数据库的操作步骤如下。

(1) 选择"File"→"New"命令,弹出如图 7-1 所示的新建设计项目数据库对话框。

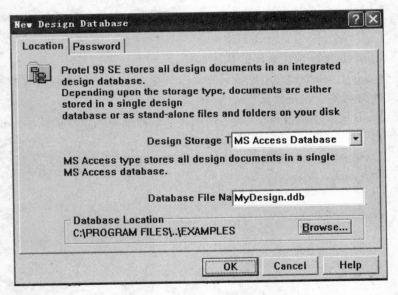

图 7-1 新建设计项目数据对话框图

(2) 输入设计项目文件名。在 Database File Name 文本框中显示的是将要保存的设计项目数据库名,可以对其修改,文件的后缀为.ddb。

(3) 选择该文件所存储的路径。在 Database Location 一栏中显示的是数据库文件保存的路径,可以通过单击"Browse"按钮,在系统弹出的对话框中,修改数据库文件所在的路径。

用户创建设计项目(＊.ddb)完毕后,会出现如图 7-2 所示的文档管理界面,该界面由标题栏、菜单栏、设计管理器、工作区、状态栏及搜索等部分组成。工作区中会出现其本身自带的三项内容:Design Team(设计工作组管理器)、Recycle Bin(垃圾箱)和 Documents(文件夹)。

用户可在设计管理器窗口里切换已打开的文档,只需在标签栏里单击想要的文档标签即可。同时打开的多个文档在主窗口里可有多种显示方式,用户只需在标签栏右击,就可选择显示方式。

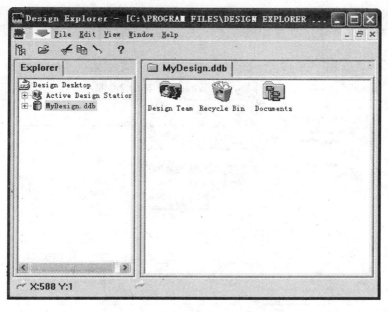

图 7-2 文件管理界面

7.1.2 设计电路原理图

创建设计项目数据库(∗.ddb)成功后,选择"File"→"New"命令,弹出选择编辑器窗口如图 7-3 所示。Protel 99 SE 中提供了 10 种常用的文件类型,包括 CAM output configuration(CAM 输出配置)、Document Folder(文档文件夹)、PCB Document(PCB 文件)、PCB Library Document(PCB 元件库文件)、PCB Printer(PCB 打印文件)、Schematic Document(原理图文件)、Schematic Library Document(原理图库文件)、Spread Sheet Document(扩展表格文件)、Text Document(文本文件)以及 Waveform Document(波形文件)。选择 Schematic Document 文件类型,建立原理图设计文档。可以先对文件名进行修改,然后双击打开,进入到如图 7-4 所示的电路原理图设计工作环境。

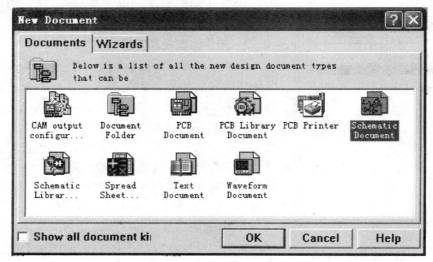

图 7-3 选择编辑器窗口对话框

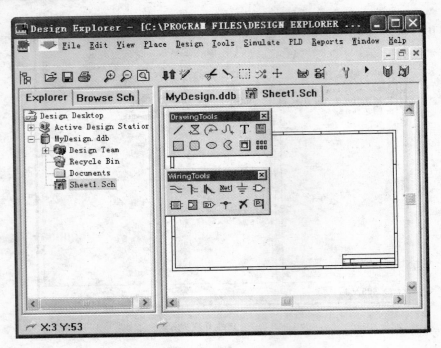

图 7-4　电路原理图设计工作环境

电路原理图的设计过程主要分成以下六个步骤。

1. 设置图纸参数

选择"Design"→"Options"命令,根据实际电路的复杂程度来设置图纸的大小,建立适合的工作平面。

2. 元器件库的载入

单击元器件库管理器中的"Add/Remove"按钮,如图 7-5 所示,将包含用户所需元器件的元器件库载入设计系统中,用户也可以通过选择"Design"→"Add/Remove Library"命令完成上述功能,便于用户从中查找选定所需的元器件。

3. 元件的查找和放置

用户根据实际电路的需求,从元器件库中取出所需要使用的元器件放置到工作平面上。如果已经知道元件的名称,则直接在查找框 Filte 中输入名称,单击"Place"按钮进行放置。用户可以根据元器件之间的走线等联系对元器件在工作平面上的位置进行调整以及进行必要的修改。可通过双击放置好的元件符号,在弹出的属性对话框中对元器件的编号和封装进行定义以及设定等操作,为下一步工作打好基础。

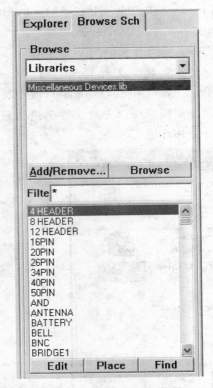

图 7-5　元器件库管理浏览器

4. 原理图布线

该过程实际就是一个绘制电路图的过程。用户利用 Protel 99 SE 提供的各种工具、指令进行布线,将工作平面上的元器件用具有电气意义的导线、符号连接起来,构成一个完整的电路原理图。

5. 编辑和调整

在此阶段,用户利用 Protel 99 SE 所提供的各种强大功能对所绘制的原理图进行进一步的调整和修改,以保证原理图的正确性和美观性。这就需要对元器件位置的重新调整,导线位置的删除、移动,更改图形尺寸、属性及排列方式等。

(1)电气规则检查,执行"Tools"→"ERC"命令后弹出如图 7-6 所示的电气测试规则设置对话框,用户可以设置电气测试的规则。

(2)生成网络表,执行"Design"→"Create Netlist"命令后会出现如图 7-7 所示的对话框,设置好 Preferences 选项卡、Trace Options 选项卡,单击"OK"按钮确定,系统自动生成网络表。

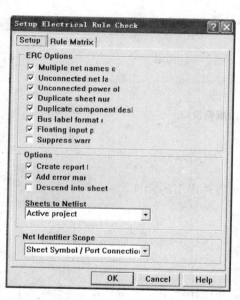

图 7-6　电气测试规则设置对话框

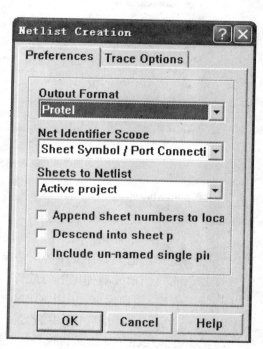

图 7-7　"Netlist Creation"对话框

6. 原理图的保存和输出

该部分是对设计完的原理图进行保存、输出或打印,以供存档。这个过程实际是对设计的图形文件输出的管理过程,是设置打印参数和打印输出的过程。

7.1.3　原理图元器件库编辑器

因为使用 Protel 99 SE 能编辑的原理图元器件库必须存储在或连接于以 Protel 99 SE 设计的数据库,所以要编辑原理图元件库,首先要使用设计管理器(design explore)打开包含或链接着该元器件库的数据库,包含原理图元器件库的设计数据库的操作方法与其他设计数据库的操作方法一样。

进入设计项目数据库后,选择"File"→"New"命令,在弹出的"New Document"对话框中单击 Schematic Library 图标,启动原理图器件库编辑器,如图 7-8 所示。由图 7-8 可以看出,原理图元器件库编辑器中的元器件库管理器分为 Components、Group、Pins、Mode 四个区。如果是编辑原有的元器件,可通过在电路图编辑器里的 Browse Sch 中,选中需要编辑的元器件,再单击"Edit"按钮,同样可启动原理图器件库编辑器。

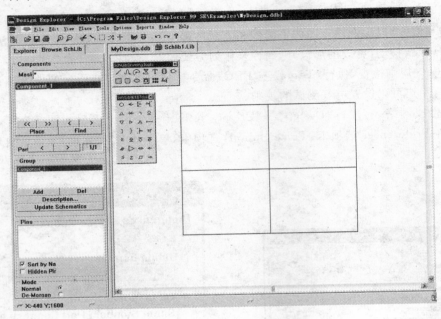

图 7-8　原理图元器件库编辑器窗口

1. Components

(1) Mask:用来按照要求筛选元件。

(2) 列表框:在 Mask 栏的限制下,列出装入的元器件库中的元件。

(3) "《":选择当前元器件库中的第一个元器件。

(4) "》":选择当前元器件库中的最后一个元器件。

(5) "<":选择当前元器件库中的前一个元器件。

(6) ">":选择当前元器件库中的下一个元器件。

(7) Place:该按钮的功能是将选择的元器件放置到电路图中。单击该按钮,系统会自动进入到原理图界面,移动鼠标指针,将元件移动到合适的位置,右击,放置元件。

(8) Find:该按钮的功能是对在元件库中存在的元件或元件库进行搜索。查找的文件主要是后缀为.ddb 和.lib 的文件。

(9) Part:用来显示当前元件号及元件数量。其中,"<"表示选择前一个元件,">"表示选择后一个元件。

2. Group

(1) 元件显示区:显示需要共用的元件。

(2) Add:加入新的同组元器件。

(3) Del:单击该按钮,将删除列表框中选中的元器件名。

(4) Description:调出元器件的文本信息编辑对话框。

(5) Update Schematics:将原理图中所有该元件做相同的更新和修改。

3. Pins

(1) 管脚显示区:显示所有绘制的管脚。

（2）Sort by Name（按名称排序复选框）：是否按名称排列。

（3）Hidden Pins（隐藏的管脚复选框）：是否显示隐藏管脚。

4. Mode

Mode（模式）包括 Normal（正常）、De-Morgan（反逻辑）和 IEEE。

7.1.4 印制电路板设计

印制电路板（PCB）是所有设计过程的最终产品。PCB 图设计的好坏直接决定了设计结果是否能满足要求。进入设计项目数据库后，选择"File"→"New"命令，在弹出的"New Document"对话框中单击 PCB Document 图标，启动 PCB 编辑器，如图 7-9 所示。

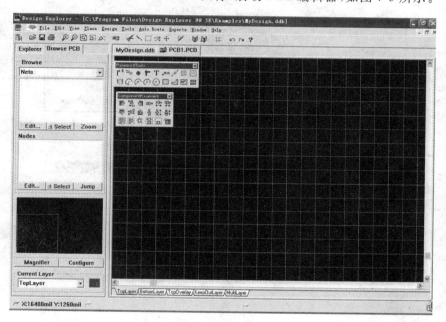

图 7-9　PCB 编辑器

PCB 设计流程主要包括以下七个步骤。

1. 规划 PCB

在正式绘制之前，要规划好 PCB 的尺寸。这包括 PCB 的边沿尺寸和内部预留的用于固定的螺丝孔，也包括其他一些需要挖掉的空间和预留的空间。这些位置常常是由设备的外形和接口来决定的。

然后必须确定使用几层板，这是一项需要考虑很多因素的工作。使用独立的电源层和地线层会极大地提高产品的电磁兼容特性，但必须要考虑到成本问题。

2. 设计参数

设计参数是指设置工作层面参数、布线参数等。Protel 99 SE 提供了多种参数以创建便利和友好的工作环境。

（1）参数设置：选择"Tools"→"Preference"命令，系统弹出如图 7-10 所示的"Preferences"对话框，包括 Options（特殊功能）、Display（显示状态）、Colors（工作层面颜色）、Show/Hide（显示/隐藏）、Defaults（默认参数）、Signal Integrity（信号完整性），根据需要和喜好设置好参数后，便可以在环境中方便地进行工作了。

（2）布线设计规则：选择"Design"→"Rules"命令，系统弹出如图 7-11 所示的对话框，在对话框中可以设置布线和其他参数。

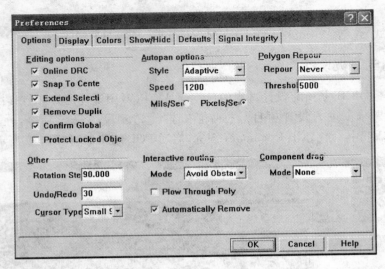

图 7-10　"Preferences"设置对话框

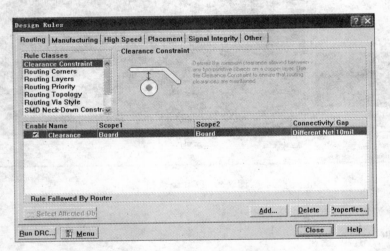

图 7-11　"Design Rules"对话框

3．装入网络表及元器件封装

规划好 PCB 之后，就要将原理图信息传输到 PCB 中了。网络表由原理图生成，在原理图编辑环境下，选择"Design"→"Create Netlist"命令，系统将生成该原理图的网络表，名称为＊.net，网络表包含了原理图中元器件之间的连接关系和元器件封装形式的说明，是创建 PCB 文件所必需的信息。所以，在进行元器件布局和布线之前要先将网络表信息装入 PCB 文件，在 PCB 设计环境下选择"Design"→"Load Nets"命令，在弹出的如图 7-12 所示的装入网络表（Load/Forward Annotate Netlist）对话框，单击"Browse"按钮，添加＊.net 文件，单击"OK"按钮，生成网络宏文件，单击网络宏文件中"Execute"按钮系统开始装入网络表和元器件，但是，一般来说装入过程不会一次就成功。这时候，需要回到原理图中，修改出错的地方，重新传输。重复以上过程，直到没有错误为止。

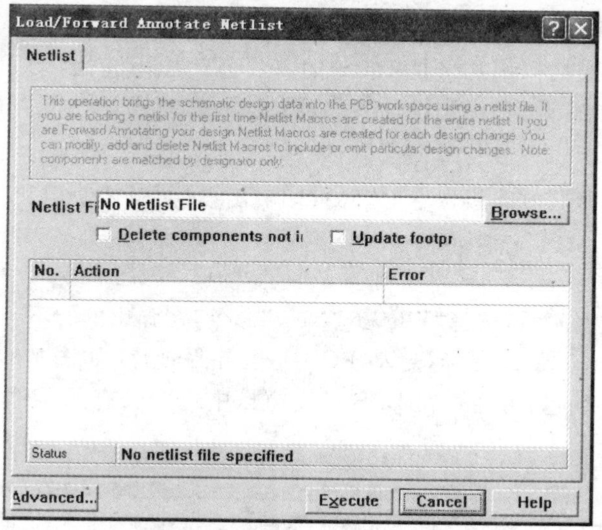

图 7-12　装入网络表对话框

4. 元器件布局

元器件布局要完成的工作是将元器件在 PCB 上摆放好，布局可以是自动布局，也可以是手动布局。自动布局速度快，不过通常难以达到实际电路设计的要求，没有手动布局得到的结果准确，因此手动布局的使用更广泛。

5. 布线

根据网络表，在 Protel 99 SE 提示下，完成布线工作，这是最需要技巧的工作部分，也是最复杂的一部分工作。布线同样分为自动布线和手动布线两种，自动布线选择"Auto Route"→"All"命令，弹出如图 7-13 所示自动布线设置对话框，对整个 PCB 图进行布线。在布局的时候，常常要调整布局以方便布线，有时候还要更换元器件封装。以前在这种情况下往往要回到原理图中修改相应的地方，但是 Protel 99 SE 的同步设计工作使用户在大部分时候不必回到原理图，直接在 PCB 中就可以完成这些小的修正，并更新原理图。

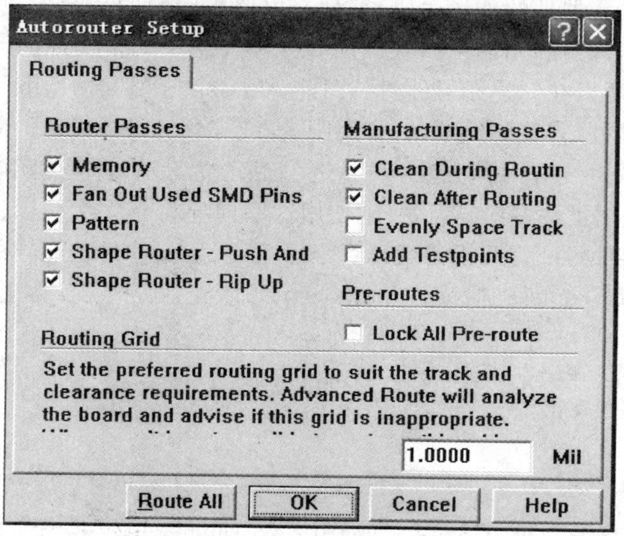

图 7-13　自动布线设置对话框

6. 调整

虽然自动布线的成功概率几乎是 100％的,但仍需要手动对自动布线后的 PCB 的元器件位置、布线走向等进行调整,优化设计效果,满足要求,完成一块印制电路板的制作。

7. PCB 的输出

将手工调整后的印制电路板保存好,并打印输出,以便工艺使用和存档。

7.1.5 PCB 封装库编辑器

进入设计项目数据库后,选择"File"→"New"命令,在弹出的"New Document"对话框中单击 PCB Library Document 图标,启动 PCB 元器件封装库,如图 7-14 所示。如果对已有PCB 元器件进行封装编辑,可通过在 PCB 编辑窗口中选中已有元器件,单击"Edit"按钮,打开 PCB 封装库编辑器。

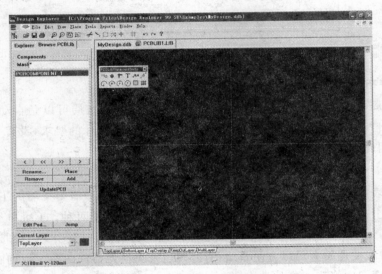

图 7-14　新建立的 PCB 元器件封装库编辑窗口

元器件封装就是元器件的外形,是元器件在电路板图中的表示形式。元器件封装包含三个部分:元器件图、焊盘和元器件属性。因为元器件封装就是实际的元器件包装,它非常强调元器件的尺寸,所以在新建元器件封装图前,要通过查元器件使用手册或用高精度测量工具精确测量元器件外形、管脚尺寸、管脚间距、安装螺丝孔径等元器件的实际尺寸。

新建一个元器件封装有两种方法:一种是手工建立,另一种是利用元器件封装向导建立。Protel 99 SE 提供了许多向导,积极地使用这些向导将会大大减少设计者的工作量,像芯片组、CPU 等元器件封装有几十甚至几百个焊盘,在元器件封装向导的协助下,可以很快完成,执行方法:选择"Tools"→"New Component"命令,然后根据实际需求进行设置。

7.2 FPGA 系统板设计实例

7.2.1 实例解析

由于 FPGA 具有现场可编程的特点,并使用系统内可再编程技术,使系统内的硬件功能可以像软件一样被编程并再配置,为实现很多复杂的信号处理提供了新的方法。FPGA 还具有设计开发周期短、可无限次加载以及便于修改等特点,很适合对具体任务进行全硬件设计实现。

本部分将介绍 FPGA 系统板的设计。电路将以 Cyclone Ⅱ EP2C5 为核心芯片,配置 FPGA 的 AS 和 JTAG 下载及其他电路通用的接口等。下面介绍一下相关的芯片及接口资料。

1. Cyclone Ⅱ EP2C5 简介

Cyclone Ⅱ 器件采用 90nm、低 K 值电解质工艺,这种技术结合 Altera 低成本的设计方式,使其能够在更低的成本下制造出更大容量的器件,这种新的器件比第一代 Cyclone 系列产品具有多两倍的 I/O 引脚,且对可编程逻辑、存储块和其他特性进行了最优的组合,具有许多新的增强特性。

(1) 容量:Cyclone Ⅱ 系列器件提供了多达 Cyclone 系列三倍的逻辑单元(LE)。

(2) 嵌入存储器:Cyclone Ⅱ 系列器件的 M4K 存储模块提供了嵌入存储器,这样就满足了数据缓冲、时钟域转换和 FIFO 应用对标准系统内存储所需的容量。另外,Cyclone Ⅱ 器件的嵌入存储块支持多种配置,包括真双口和单口 ROM、RAM 和 FIFO。

(3) 嵌入乘法器:Cyclone Ⅱ 系列器件嵌入乘法器是实现通用低成本数字信号处理(DSP)应用,如 FIR 滤波器、编辑译码器、FFT 和 NCO 的理想方式。Cyclone Ⅱ 系列器件中的嵌入式乘法器能够在 250 MHz 下运行,分担数字信号处理器复杂和耗时的算术运算,提升整个系统的性能,降低系统的成本。

(4) 外部存储接口:Cyclone Ⅱ 系列已经对外部器件高速可靠的数据传送进行了优化。该系列的所有产品都能够通过专用接口和单倍数据率(SDR)SDRAM、双倍数据率(DDR 和 DDR2)和四数据率(QDR Ⅱ)SRAM 器件进行通信,确保高速和可靠的数据传输。

(5) I/O 标准:Cyclone Ⅱ 系列器件支持数量增加的 I/O 标准,包括支持如 LVTTL、LVCMOS、SSTL-2、SSTL-18、HSTL-18、HSTL-15、PCI 和 PCI-X 的单端 I/O 标准。与单端 I/O 标准相比,Cyclone Ⅱ 器件的差分信号提供更好的噪声容限,产生更低的电磁干扰,差分 I/O 标准包括 LVDS、mini-LVDS、RSDS、LVPECL、差分 HSTL 和差分 SSTL 标准。

EP2C5 属于 FPGA 系列 Cyclone Ⅱ 中的一种,该芯片的内核电压为 1.2V,I/O 口工作电压为 3.3V。拥有 4 608 个逻辑单元(LE),包含 26 个 M4K 存储模块,总的存储器容量达到 119 808 b,内嵌 2 个锁相环电路(PLL),13 个嵌入式 18×18 位乘法器,最多用户 I/O 管脚数为 142 个,55 个差分通道。

2. 串行配置

EPCS4 属于 Altera 的串行配置器件系列,是 4 Mb 的 Altera 专用配置芯片,是可编程逻辑器件工业领域中成本最低的配置。EPCS4 拥有包括 Flash 存储器访问接口、系统可编程(ISP)、节省单板空间的小外形集成电路(SOIC)封装等高级特征,使得串行配置器件成为 Cyclone Ⅱ 和 Cyclone FPGA 系列产品在大容量及价格敏感的应用环境下的完美补充。

EPCS4 用于保存 FPGA 的配置信息。EPCS4 系列是基于 SRAM 的 FPGA 芯片,可以通过下载电缆在线配置该芯片,掉电后,FPGA 芯片内部的配置信息会丢失,如果配合相应的配置芯片,可在 FPGA 上电的时候,从配置芯片里面读出配置内容,这样上电后即可使用。Altera 的系列串行配置器件 EPCS4 也为 Stratix Ⅱ 系列器件提供了一种低成本、小型化的解决方案。

7.2.2 方法步骤

1. 绘制原理图

由于 FPGA 引脚较多,电路实现的功能也比较复杂,因此采用模块化的设计方法,根据功能的不同,将电路划分为五个子模块,分别是电源及供电电路、外部时钟、下载电路、FPGA 芯片以及扩展 I/O 口。

(1) 电源部分原理图如图 7-15 所示,通过芯片电路将 5 V 电压转换成为 3.3 V、1.2 V 两组核心板需要的电源,并对所有使用的电源的部分进行电源去耦。

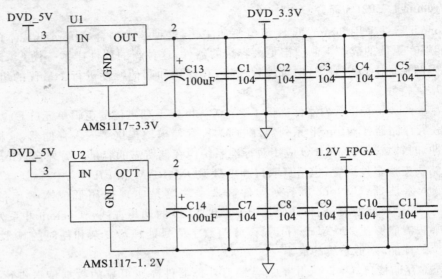

图 7-15　电源部分原理图

(2) 外部晶振电路如图 7-16 所示,核心板上提供了高精度、高稳定性 50MHz 的有源晶振,晶振所输出的脉冲信号直接与 FPGA 的时钟输入引脚相连。设计中如果需要其他频率的时钟源,可以在 FPGA 内部进行分频或利用 FPGA 内部的 PLL 倍频等方法来得到。

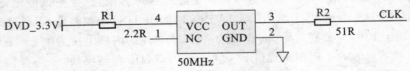

图 7-16　外部晶振电路

(3) JTAG 接口设计电路如图 7-17 所示,在 FPGA 开发过程中,JTAG 是个必不可少的接口,因为用户需要下载配置数据到 FPGA。在设计开发过程中,JTAG 更是起着举足轻重的作用,因为通过 JTAG 接口,用户可以对设计进行在线调试仿真,还能下载代码或用户数据到 CFI Flash 中。

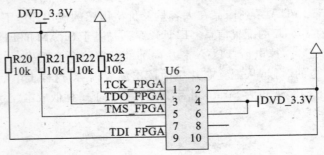

图 7-17　JTAG 接口电路

（4）AS 接口电路如图 7-18 所示，AS 接口主要是用来给板上的串行配置器件 EPCS4 进行编程。

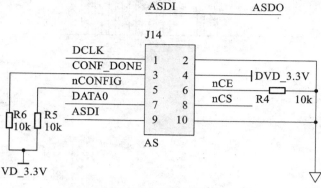

图 7-18　AS 接口电路

（5）EPCS4 配置芯片模块电路如图 7-19 所示。

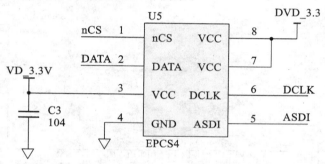

图 7-19　EPCS4 配置芯片模块电路

（6）扩展 I/O 接口电路如图 7-20 所示。核心板上提供的资源模块占用了部分 FPGA 引脚，除此之外，剩余的 I/O 资源用户可自定义使用，这些 I/O 通过扩展接口引出。

SGND		DVD_3.3V	SGND		DVD_3.3V
	1　12	IO3	IO73	1　12	IO74
IO4	2　13	IO7	IO71	2　13	IO72
IO8	3　14	IO9	IO69	3　14	IO70
IO24	4　15	IO25	IO65	4　15	IO67
IO26	5　16	IO27	IO63	5　16	IO64
IO28	6　17	IO30	IO59	6　17	IO60
IO31	7　18	IO32	IO57	7　18	IO58
IO40	8　19	IO41	IO53	8　19	IO55
IO42	9　20	IO43	IO51	9　20	IO52
IO44	10　21	IO45	IO47	10　21	IO48
	11　22			11　22	

Header 11×2A　　　　　　　Header 11×2A
J5　　　　　　　　　　　　　　J6

SGND		DVD_3.3V	SGND		DVD_3.3V
IO113	1　12	IO114	IO118	1　12	IO115
IO104	2　13	IO112	IO120	2　13	IO119
IO101	3　14	IO103	IO122	3　14	IO121
IO99	4　15	IO100	IO126	4　15	IO125
IO96	5　16	IO97	IO132	5　16	IO129
IO93	6　17	IO94	IO134	6　17	IO133
IO87	7　18	IO92	IO136	7　18	IO135
IO81	8　19	IO86	IO139	8　19	IO137
IO79	9　20	IO80	IO142	9　20	IO141
IO75	10　21		IO144	10　21	IO143
	11　22			11　22	

图 7-20　扩展 I/O 接口电路

（7）FPGA芯片电路如图7-21所示。

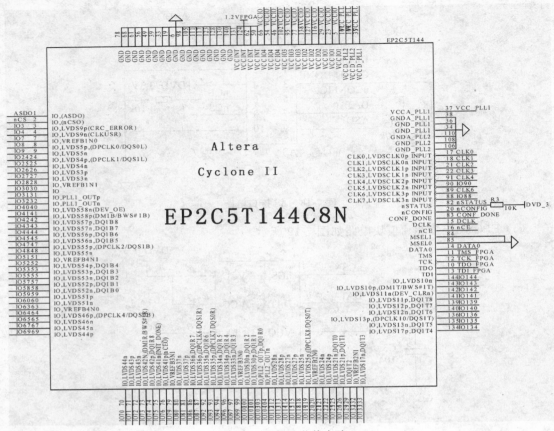

图 7-21　FPGA 芯片电路

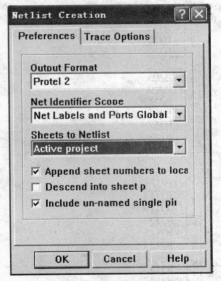

图 7-22　生成网络表设置

2. 生成报表

（1）原理图绘制完成后，生成网络表，以便进行PCB设计。选择"Design"→"Create Netlist"命令，在弹出的设置对话框中选择当前文档：Active Project，因为采用了层次设计方法，所以网络范围要选择当前工程。输出格式选择 Protel 2，网络标识的范围为Net Labels and Ports Global，勾选 Append sheet numbers to local 和 Include un-named single pins 复选框，如图7-22所示。

（2）生成的网络表如图7-23所示。网络表分成两个部分：前一部分描述了元件的属性，包括元件的序号、封装形式和文本注释；后一部分描述了电气连接以（）作为起止标志。

（3）生成元件报表可以了解元件的使用及封装信息，选择"Reports"→"Bill of Material"命令，弹出的生成元件报表向导，选中 Project 项，如图7-24所示。

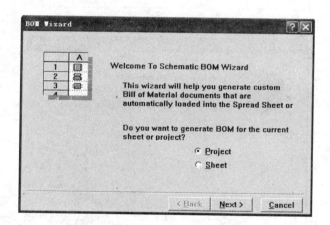

FPGA.Ddb | Documents | FPGA最小系统.Sch | FPGA最小系统.NET |

```
C1-2   EP2C5T114-GNDA3 PASSIVE
C1-8   EP2C5T114-GND  PASSIVE
C1-11  EP2C5T114-GND  PASSIVE
C1-16  EP2C5T114-GND  PASSIVE
C1-20  EP2C5T114-GND  PASSIVE
C1-36  EP2C5T114-GND  PASSIVE
C1-42  EP2C5T114-GND  PASSIVE
C1-48  EP2C5T114-GND  PASSIVE
C1-54  EP2C5T114-GND  PASSIVE
C1-59  EP2C5T114-GNDA1 PASSIVE
C1-62  EP2C5T114-GND  PASSIVE
C1-67  EP2C5T114-GND  PASSIVE
C1-75  EP2C5T114-GND  PASSIVE
C1-79  EP2C5T114-GND  PASSIVE
C1-86  EP2C5T114-GND  PASSIVE
C1-97  EP2C5T114-GND  PASSIVE
C1-102 EP2C5T114-GND  PASSIVE
C1-105 EP2C5T114-GND  PASSIVE
C1-116 EP2C5T114-GND  PASSIVE
C1-122 EP2C5T114-GNDA4 PASSIVE
C1-125 EP2C5T114-GND  PASSIVE
C1-130 EP2C5T114-GND  PASSIVE
C1-138 EP2C5T114-GND  PASSIVE
C1-141 EP2C5T114-GND  PASSIVE
C1-155 EP2C5T114-MSEL0 PASSIVE
C1-156 EP2C5T114-GND  PASSIVE
C1-158 EP2C5T114-MSEL2 PASSIVE
C1-165 EP2C5T114-GND  PASSIVE
```

图 7-23 生成网络表

图 7-24 生成元件报表向导

（4）生成的元件报表如图 7-25 所示。

	A	B	C	D
	Part Type			
50	CON100	J15	DIP-T100	
51	CON100	J16	DIP-T100	
52	ELECTRO1	C20	6032	
53	ELECTRO1	C13	6032	
54	ELECTRO1	C12	6032	
55	EP2C5T114	C1	PQFP-240	
56	EPCS4	U5	SO-8	
57	JTAG	U6	DOWN	
58	LED	D5	805	
59	LED	D2	805	
60	LED	D4	805	

图 7-25 生成的元件报表

3. 设计印制电路板

在完成前面的设计工作后,正式开始印制电路板的设计工作。首先使用向导创建新的 PCB 设计环境,然后导入网络表,最后进行布局和布线。

(1) 选择 New 选项,在弹出对话框中选择 Wizards 选项卡,如图 7-26 所示,选择 Printed Circuit Board Wizard,单击"OK"按钮,打开 PCB 设计向导欢迎界面,如图 7-27 所示。单击 "Next"按钮,进入 PCB 类型设置界面。

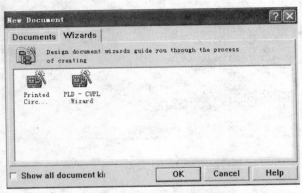

图 7-26　PCB 设计向导窗口

图 7-27　打开 PCB 设计向导欢迎界面

(2) 选择 PCB 板类型为 Custom Made Board,即普通用户定制电路板,如图 7-28 所示。

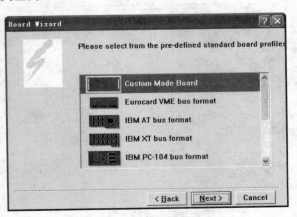

图 7-28　选择 PCB 板类型

（3）单击"Next"按钮，在弹出的对话框中设置电路板的尺寸，1 mm＝40 mil，设置合适的电路板大小，其他设置如图 7-29 所示。如果使用文件框及拐角，只需选中下面各项的复选框即可。

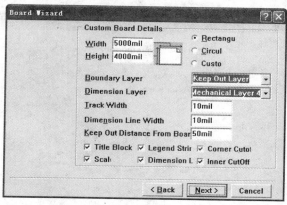

图 7-29　电路板的尺寸设置窗口

（4）单击"Next"按钮，弹出设置电路板的工作层数，此电路选择两层，并且设置过孔中间带焊锡，不使用中间的电源或地层，如图 7-30 所示。

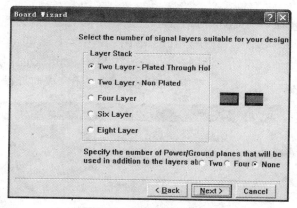

图 7-30　设置电路板层数

（5）单击"Next"按钮，因为选择的是双层板，所以在弹出的对话框中设置只有过孔，不需要盲孔或埋孔，如图 7-31 所示。

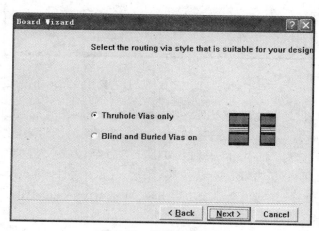

图 7-31　设置只有过孔

（6）单击"Next"按钮，在弹出的对话框中选择双面放贴片元件，在是否选择双面放置元件处选中"Yes"单选项，如图 7-32 所示。

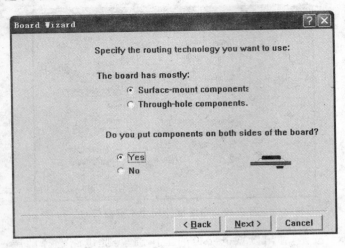

图 7-32　电路板元件放置方式设置

（7）单击"Next"按钮，在弹出的对话框中设置导线的宽度、过孔和孔内直径，以及导线之间的安全距离，一般在双层板设计中过孔的最小内径不要小于 20 mil，外径的宽度为内径的两倍且最小不能小于 30 mil，信号线的线宽一般在 8～15 mil 之间，如图 7-33 所示。设置好后单击"Next"按钮，在弹出的对话框中单击"Finish"按钮完成向导设置。

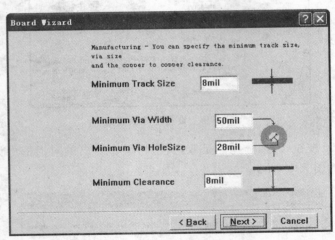

图 7-33　设置线度及过孔尺寸

（8）创建好 PCB 设计环境后导入网络表。网络表由原理图生成，在原理图编辑环境下，选择"Design"→"Create Netlist"命令，系统将生成该原理图的网络表，名称为＊.net。然后在 PCB 设计环境下选择"Design"→"Load Nets"命令，在装入网络表（Load/Forward Annotate Netlist）对话框，单击"Browse"按钮，添加＊.net 文件，导入过程中如果有错误提示，那么要对错误进行逐一修改，全部成功后出现 All macros validated 提示所有元器件的封装匹配成功，如图 7-34 所示。

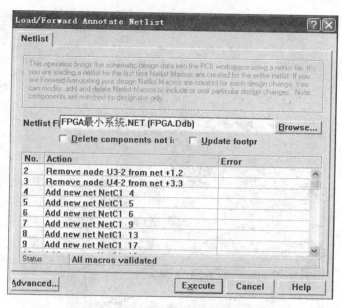

图 7-34　元件封装匹配成功后提示对话框

（9）导入网络表以后，对电路进行布局。可以先自动布局，然后手动调整，也可以直接
手动布局。接口电路放置在电路板靠近边缘的地方。本电路使用先自动布局将元件大致分
离，再手动调整主要芯片的位置，布局后的电路如图 7-35 所示。

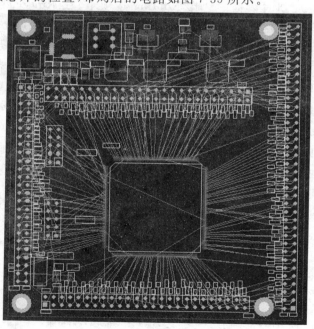

图 7-35　布局后的电路

（10）对电路进行布线处理。进行手动布线，先布电源和地线，然后布 FPGA 引线及其
他信号线。当布电源及地线时，修改布线参数，然后绘制地线和电源线，保证电源及地线的
宽度为 15 mil。然后设置信号线的宽度为 10 mil。再对其他网络进行布线操作。布线后的
电路如图 7-36 所示。

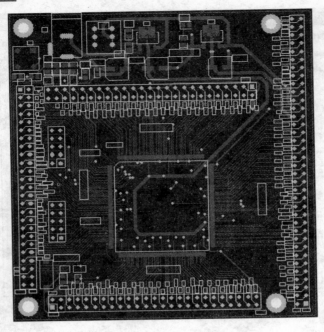

图 7-36　布线后的电路

（11）为保证电源及地线的宽度为 15 mil，在布线前做如下设置，选择"Design"→"Rules"命令，在设计规划对话框中选择 Routing 选项卡，在 Rule classes 列表框中选择 Width Constraint 选项，单击"Properties"按钮，在弹出的对话框中将最小线宽和最合适线宽改为 15 mil，最大线宽设为 20 mil。适用场合设置为网络，单击"OK"按钮。

（12）连接好电源及地线以后，更改信号线线宽，宽度为 10 mil，适用范围为整个电路板。

（13）为了增加电路布线的安全距离，在设计规则对话框 Routing 选项卡中，选择 Rule Classes 列表框中的 Clearance Constraint 选项，单击"Properties"按钮，设置参数。

（14）开始电路板敷铜，敷铜的基本规则是敷铜的网络一定要和接地网络连接起来。选择"Place"→"Polygon Plane"命令，弹出对话框，如图 7-37 所示。设置敷铜和接地网络连接，敷铜层选择顶层，然后用鼠标在电路板周围绘制一个矩形将电路板包围起来，顶层敷铜成功后，再给底层敷铜，气设置方法和顶层基本一样，只是敷铜层选择为底层。敷铜完成后如图 7-38 所示。

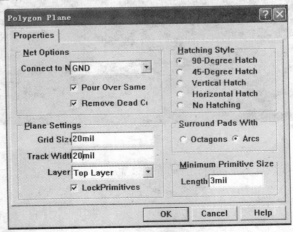

图 7-37　设置敷铜属性

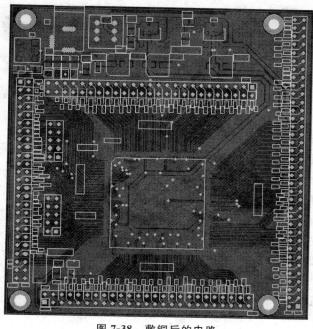

图 7-38　敷铜后的电路

　　(15) 完成 PCB 的绘制后,对 PCB 进行 ERC 检查,选择"Tools"→"Design Rule Check"命令设置检查规则,单击 Run DRC 进行 ERC 检查,如果有错误,需要参照提示改正相应的错误,直至没有错误为止。

　　到此,FPGA 系统板电路设计完成,将文件存盘,按照 1∶1 的比例打印输出,与元器件实物对比,确认元器件大小型号及封装等没有问题。

习　　题

1. 在自己的路径下创建一个名字为 My. ddb 的设计数据库文件,并打开该数据库的 Documents 文件夹,在其中创建一个原理图文件(＊. sch)和一个印制电路板文件 (＊. pcb),并分别启动原理图编辑器和印制电路板编辑器。
2. 如何打开原理图元器件库编辑器? 原理图元器件编辑器跟原理图编辑器相比,有哪些相同点和不同点? 原理图元器件库编辑器中有哪些工具栏,如何打开和关闭?
3. 手工布线和自动布线是如何操作的? 总结它们的优缺点。
4. PCB 封装库编辑器与 PCB 编辑器有哪些相同点和不同点?
5. 印制电路板布线要注意哪些事项?
6. 自己制作元器件封装有哪几种方法?
7. 如何查看创建元件的尺寸?
8. 数据线和地线应该设多宽?
9. 电源的噪声对于 FPGA 的电路中哪些信号有比较大的影响?
10. 在 PCB 上线宽及过孔的大小与所通过的电流大小的关系是怎么样的?

第8章 Proteus 电路设计与仿真

Proteus 软件的功能不是单一的,这是它和现有的其他电路设计仿真软件最大的不同,它强大的元件库可以和任何电路设计软件相媲美。电路仿真技术是通过软件来实现并检验所设计电路功能的过程。Proteus 不仅是模拟电路、数字电路、模数混合电路的设计平台,更是目前世界上最先进的单片机和嵌入式系统的设计与仿真平台。它除了具有和其他 EDA 工具软件一样的原理图绘制、PCB 自动或人工布线及电路仿真功能外,其电路仿真还具有互动性,针对微处理器的应用,还可以直接在基于原理图的虚拟模型上进行编程,并实现软件源码级的实时仿真调试,若有显示及输出,还能直接看到运行后输入/输出的效果。它真正实现了在计算机上完成从原理图设计、电路分析与仿真、单片机代码级调试与仿真、系统测试与功能验证到形成 PCB 的完整的电子线路设计、功能仿真的整个过程。

8.1 Proteus 软件基础

Proteus 软件是由英国 Labcenter Electronics 公司开发的 EDA 工具软件。自 1989 年问世至今,经过了 20 多年的发展,功能得到了不断完善,性能越来越好,全球用户数也越来越多。Labcenter Electronics 公司与相关的第三方软件公司共同开发了 8 000 多个模拟和数字电路中常用的 SPICE 模型及各种动态元件,且整合了微处理器的仿真,与常用编译器协同调试。拥有 Proteus 电子设计工具,就相当于拥有了一个电子设计和分析平台。

8.1.1 Proteus 软件简介

Proteus 软件中具有模拟和数字电路中常用的 SPICE 模型及各种动态元件,如电阻、电容、二极管、三极管、MOS 管、555 定时器、74 系列 TTL 元件、4000 系列 CMOS 元件、ROM、RAM、EEPROM 及 I2C 器件,各种微处理器如 PIC 系列、AVR 系列、8051 系列等,支持 KEIL、IAR、Proton 等第三方软件编译和调试,并具有各种信号源和电路分析所需的虚拟仪表。该软件集原理图设计、仿真和 PCB 设计于一体,是真正从概念到产品的完整电子设计工具。从原理图设计到 PCB 设计如图 8-1 所示。

Proteus 电子设计软件由 ISIS 和 ARES 两款软件构成,其中 ISIS 是一款便捷的电子系统仿真平台软件,ARES 是一款高级的布线编辑软件。软件模块包括原理图输入模块(简称 ISIS)、混合模型仿真器、动态器件库、高级图形分析模块、处理器仿真模型及 PCB 设计编辑(简称 ARES)六个部分。

ISIS 是 Proteus 系统的中心,它为用户提供的图形外观包括线宽、填充类型、字符等全部控制,使用户能够生成精美的原理图,原理图可以以图形文件的格式输出,或者复制到剪贴板以便其他文件使用。这就使得 ISIS 成为制作技术文件、学术论文、项目报告的理想工具,也是 PCB 设计的一个出色前端。

Proteus 产品系列包含 VSM 技术,有两种不同的仿真方式:交互式仿真和基于图表的仿真。交互式仿真可实时直观地反映电路设计的仿真结果。基于图表的仿真(ASF)用来精确分析电路的各种性能,如频率特性、噪声特性等。Proteus VSM 中的整个电路分析是在 ISIS 原理图设计模块下延续下来的,原理图中可以包含的仿真工具有探针、电路激励、虚拟仪器、

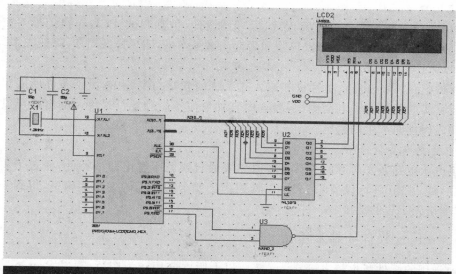

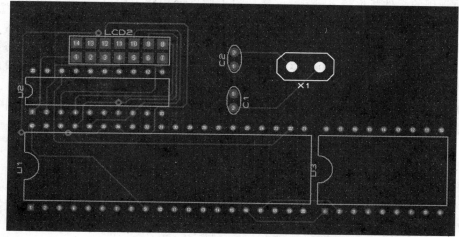

图 8-1 Proteus 设计示例

曲线图表。仿真器有独自的应用窗口和用户界面。

单片机系统的仿真是 Proteus VSM 的主要特色,用户可以在 Proteus 中直接编译、调试代码,对基于微控制器的设计连同所有周围电子元件一起仿真,甚至可以实时采用诸如 LED/LCD、键盘、按钮、开关、常用电机、RS232 终端等动态外设模型来对设计进行仿真。当电路元件在调用时,选择具有动画演示功能的器件或具有仿真模型的器件,电路连接完成无误后,直接运行仿真按钮,即可实现声、光、动等逼真的效果,以检验电路硬件及软件设计的对错,直观地看到仿真结果。同时 Proteus 与汇编程序调试软件 Keil 可实现联调,在微处理器运行中,若程序有问题,可直接在 Proteus 的菜单中打开 Keil 对程序进行修改。

Proteus 的 ARES 软件具有 PCB 设计的强大功能。支持任意角元器件的布置和焊盘栈,完全自动的连线以及矢量生成,是理想的基于网表的手工布线系统,物理设计规则检测保证设计的完整性。具有超过 1 000 种标准封装元器件库,完整的 CAM 输出,支持 PCB 的三维预览,便于观察器件布局和展示设计结果。

Proteus 软件可以很方便地完成模拟电路测试、数字电路测试、单片机系统调试而不拘束于实验器材及环境,并且可以直接由仿真形成产品,其应用领域如下。

183

1）电子电路设计

使用 Proteus 形成从实验方案设计、原理图设计、仿真调试、PCB 布线到最终产品的完整电子电路设计过程，减少了开发风险和后期测试工作量，缩短开发周期，降低成本。

2）电子电路辅助教学

在模拟电路、数字电路、单片机和嵌入式系统的教学与实验中，由于条件所限很多电路无法进行真实的硬件电子电路测试，教学内容抽象而不易理解，Proteus 的出现可以帮助解决由于缺乏硬件而产生的尴尬。

3）电子电路实验研究

从事电子电路开发研究的人员很多时候要通过实验了解电路的特性，但苦于实验条件的多变性，通过 Proteus 设置，完全可以构建满足要求的稳定的虚拟实验室，得到需要的数据，完成理论到工程的链接。

8.1.2 Proteus 软件的基本操作

目前常用的软件版本较多，Proteus 7.0 以上版本应用较为广泛，现以 Proteus 7.5 SP3 为例介绍其基本操作方法。

1. Proteus 软件的安装方法

Proteus 软件对 PC 机的要求不高，可运行于 Windows 98/2000/XP 环境，一般配置即可满足要求。下面介绍安装的具体方法。

首先打开软件安装包，找到安装启动程序 Proteus 7.5 SP3 Setup.exe，双击打开可以看到欢迎界面，如图 8-2 所示。

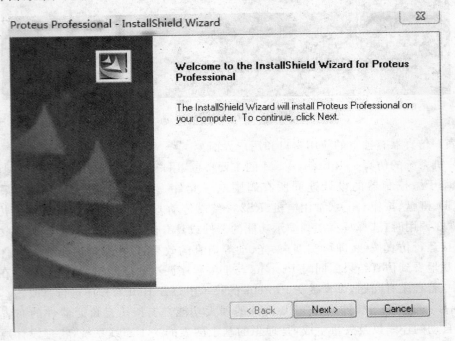

图 8-2　安装欢迎界面

按照提示单击"Next"按钮继续进行安装，出现软件协议阅读确认界面需单击"Yes"按钮，然后进行 Licence 文件查找，如图 8-3 所示。

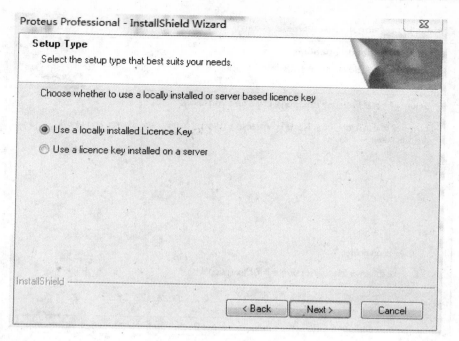

图 8-3　Licence 查找位置确认

选中"Use a locally installed licence Key"项，单击"Next"按钮。若提示"No licence Key is installed"，单击"Next"按钮，则会弹出查找 Licence 对话框，单击"Browse For Key File"按钮，浏览查找 Licence 文件。在安装包中找到相应文件后单击"Install"按钮，如图 8-4 所示。完成后关闭对话框，单击"Next"按钮进行下一步安装。

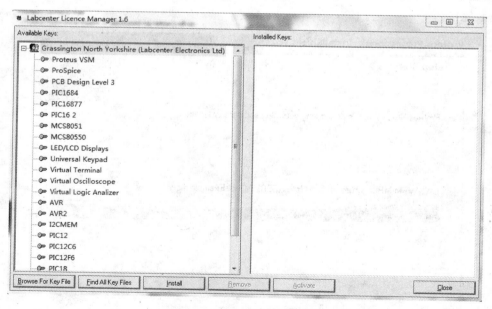

图 8-4　查找 Licence 对话框

在选择安装路径的界面中，如果需要改变安装路径，可以单击"Browse"按钮选择新的安装路径，否则单击"Next"按钮继续安装，如图 8-5 所示。

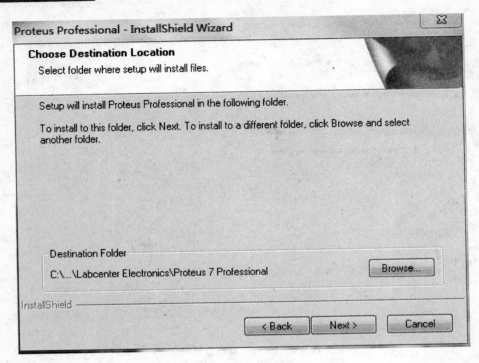

图 8-5　选择安装路径

在安装选项选择界面中将提示是否安装 Proteus VSM 仿真和 Proteus PCB 设计，一般情况推荐全选，单击"Next"按钮，进入程序目录和名称选择界面，再次单击"Next"按钮，即可进入程序安装界面，如图 8-6 所示。等待程序安装完成，弹出完成对话框，单击"Finish"按钮，安装完毕。

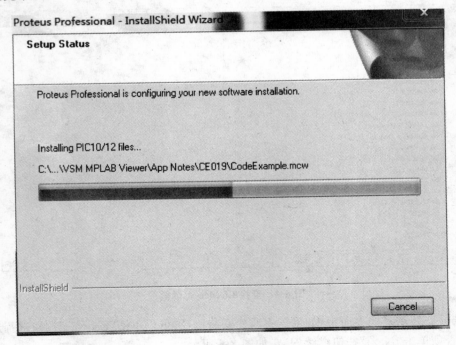

图 8-6　程序安装界面

等待程序安装完成,弹出完成对话框,单击"Finish"按钮,安装完毕,如图 8-7 所示。

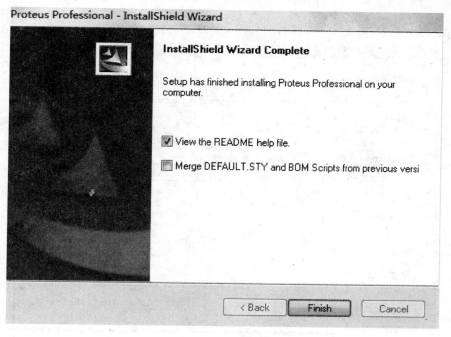

图 8-7 安装完成对话框

若需要汉化,可将"汉化"目录下文件覆盖到安装路径下的 BIN 目录,默认路径为 C:\Program Files\Labcenter Electronics\Proteus 7 Professional\BIN,这样就完成了汉化。

2. Proteus 软件的启动和退出

Proteus 软件安装完成后,在开始菜单的所有程序中找到 Proteus 7 Professional,单击后会出现 Proteus 菜单,可以看到用于原理图设计的 ISIS 和用于 PCB 板设计的 ARES,单击后可以启动相应程序,如图 8-8 所示。也可以为常用的 ISIS 和 ARES 创建快捷方式,以方便启动。

Proteus ISIS 和 ARES 的退出方法:①直接单击右上角的×按钮;②选择"文件"→"退出"命令;③按快捷键 Alt+F,再按快捷键 Alt+X。

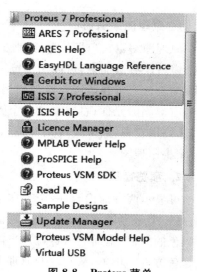

图 8-8 Proteus 菜单

 8.2 Proteus ISIS 的原理图设计

Proteus ISIS 是一款便捷的电子系统原理设计和仿真平台软件,是操作简便而又功能强大的原理图编辑工具,可以仿真、分析各种模拟器件和集成电路。Proteus ISIS 实现了单片机仿真和 SPICE 电路仿真的结合,支持主流单片机系统的仿真,并提供软件调试功能,功能极其强大。下面介绍 ISIS 的原理图设计方法。

8.2.1 Proteus ISIS 工作界面

启动 ISIS 7 Professional 后,将看到如图 8-9 所示的窗口。

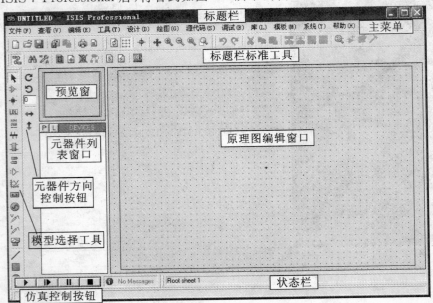

图 8-9　Proteus ISIS 工作界面

1. 原理图编辑窗口

原理图编辑窗口即绘制原理图的窗口,蓝色方框内为可编辑区,元器件要放到方框内。这个窗口没有滚动条,可以用预览窗口来改变原理图的可视范围,用鼠标的左右键配合鼠标的滚动轮改变可视范围。原理图编辑窗口的操作方法是:用左键放置元件;右键选择元件;双击右键删除元件;右键拖选多个元件;先右键后左键编辑元件属性;先右键后左键拖动元件;连线用左键,删除连线用右键;改连接线时,先右击连线,再用左键拖动;中间滚动轮放大/缩小原理图。

2. 预览窗口

可显示两方面内容:一个是在元件列表中选择一个元器件时,将显示选定元器件的预览图;另一个是当鼠标焦点落在原理图编辑窗口时,将显示整张原理图的缩略图,并会显示一个绿色的方框,里面的内容就是当前原理图窗口中显示的内容,可用鼠标在它上面单击来改变绿色方框的位置,从而改变原理图的可视范围。

3. 元器件列表窗口

用于存放已选择的元器件。当单击"P"按钮时会打开元件选择对话框,选择元器件后,该元器件就会显示在此列表中,单击它即可再次选择该元器件。

4. 模型选择工具栏

模型选择工具栏用于选择不同模型,决定元器件列表窗口出现的类型,包括主要模型、配件、2D 图形等多种模型。单击模型按钮,在元器件列表中就会显示相应元器件。

5. 元器件方向控制按钮

元器件方向控制按钮用于选择或调整元器件的摆放方向。旋转的角度只能是 90°的整数倍,翻转可完成水平翻转和垂直翻转。

6. 仿真控制按钮

仿真控制按钮用于执行电路的仿真,四个按钮分别实现"运行""单步运行""暂停""停止"四种仿真进程控制。

8.2.2 Proteus ISIS 的编辑环境设置

编辑环境设置可以在使用软件工作时构造最适合自己的工作环境,主要包括模板的选择、图纸的选择和设置、文本的设置、格点的设置。

1. 选择模板

绘制电路图首先要选择模板。模板控制电路图外观的信息,如图形格式、文本格式、设计颜色、线条连接点大小和图形等。在"模板"菜单中,选择不同选项分别可以进行图形颜色、图形风格、文本风格、连接点的设置,如图 8-10 所示。

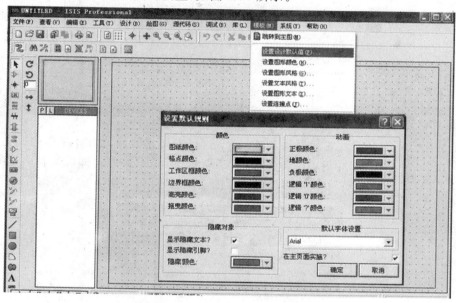

图 8-10 选择模板-默认选项

2. 选择图纸

选择图纸可以设置纸张的型号及标注的字体等。在"系统"菜单中选择"设置图纸大小",在弹出的对话框中可以选择图纸的大小或者自定义图纸的大小,如图 8-11 所示。

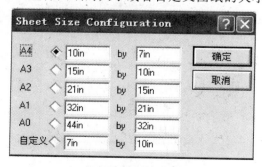

图 8-11 设置图纸

3. 设置文本编辑器

在"系统"菜单中选择"设置文本编辑器选项",在弹出的对话框中可以对文本的字体、字形、大小、效果和颜色等进行设置,如图 8-12 所示。

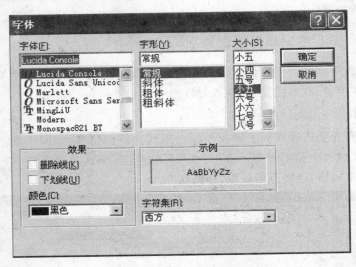

图 8-12　设置文本编辑器选项

4. 设置格点

图纸的格点既有利于放置元器件和连接电路,也方便元器件的对齐和排列。在"查看"菜单中选择 Snap 10th、Snap 50th、Snap 0.1in、Snap 0.5in 中的一项,即可调整格点的间距;在下拉菜单中选择"网格"菜单项可以设置格点的显示或隐藏,如图 8-13 所示。

图 8-13　设置格点

8.2.3 Proteus ISIS 的系统参数设置

在 Proteus ISIS 的主界面中,通过"系统"菜单可对系统进行设置。

1. 元件清单(BOM)设置

在 Proteus ISIS 中可生成 BOM(Bill Of Materials,元件清单)。BOM 用于列出当前设计中所使用的所有元器件。

Proteus ISIS 可生成四种格式的 BOM:HTML(Hyper Text Mark-up Language)格式、ASCII 格式、CCSV(Compact Comma-Separated Variable)格式和 FCSV(Full Comma-Separated Variable)格式。选择"工具"菜单中的"材料清单",可选择 BOM 的不同输出格式。

(1) 选择"系统"→"设置元件清单"命令,可打开"编辑元件清单"对话框,如图 8-14 所示。

(2) 在"编辑元件清单"对话框中,可对四种输出格式进行设置。单击对话框中的"添加"按钮,出现如图 8-15 所示对话框。

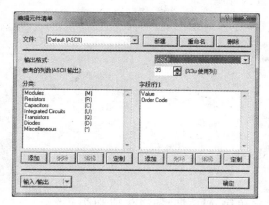

图 8-14 "编辑元件清单"对话框

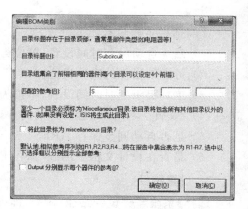

图 8-15 "编辑 BOM 类别"对话框

(3) 在"目录标题"文本框中输入 Subcircuit,并在"匹配的参考"文本框中输入 S,单击"确定"按钮,则可将新的目录添加到 BOM 中,如图 8-16 所示。

(4) 在"分类"列表框中选中 Subcircuit,单击"定制"按钮,将出现图 8-17 所示的对话框。

(5) 选择期望排序的对象,单击相应的按钮,即可实现排序。

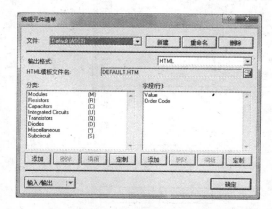

图 8-16 添加新的目录后的对话框

图 8-17 BOM 的"定制"对话框

同理，单击"编辑"或"删除"等按钮，将出现对应的对话框，可对"分类"及"字段"进行添加或删除等操作。

2. 设置系统运行环境

在 Proteus ISIS 主界面中选择"系统"中的设置环境菜单项，即可打开系统"环境设置"对话框，如图 8-18 所示。

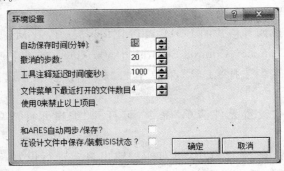

图 8-18 "环境设置"对话框

该对话框主要包括如下设置：

（1）系统自动保存时间设置，单位为分钟。

（2）可撤销操作的次数设置。

（3）工具提示延时时间设置，单位为毫秒。

（4）"文件"菜单下最近打开的文件数目设置。

（5）是否自动同步保存 ARES。

（6）是否在设计文档中加载/保存 Proteus ISIS 状态。

3. 设置路径

选择"系统"→"设置路径"命令，即可打开"设置路径"对话框，如图 8-19 所示。

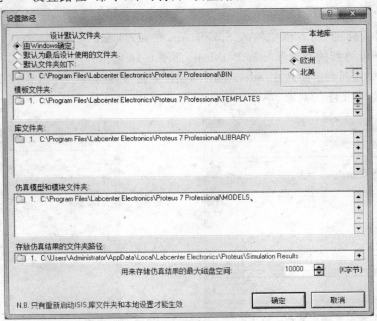

图 8-19 "设置路径"对话框

"设置路径"对话框包括如下设置：

（1）表示从窗口中选择初始文件夹。

（2）表示初始文件夹为最后一次使用过的文件夹。

（3）表示初始文件夹为下面的文本框中输入的路径。

（4）表示模板文件夹路径。

（5）表示库文件夹路径。

（6）表示仿真模型及模块文件夹路径。

（7）表示仿真结果的存放文件夹路径。

（8）表示仿真结果占用的最大磁盘空间（KB）。

4. 设置键盘快捷方式

选择"系统"→"设置快捷键"命令，打开"编辑快捷键"对话框，如图 8-20 所示。

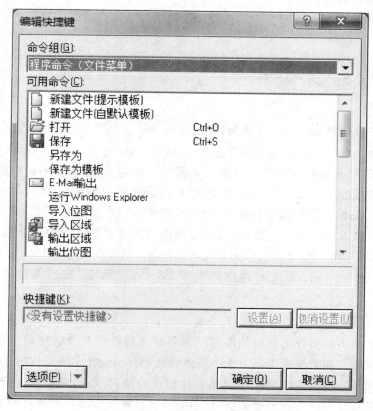

图 8-20　键盘快捷方式设置对话框

使用该对话框可修改系统所定义的菜单命令的快捷方式。

其中，在"命令组"下拉列表框中选择相应的选项，在"可用命令"列表框中选择的可用命令，在该对话框下方的说明栏中显示所选中命令的意义，在"快捷键"文本框中显示所选中命令的快捷键。单击"设置"或"取消设置"按钮可编辑或删除系统设置的快捷键。

单击"选项"按钮，出现选项。选择"恢复默认"选项，即可恢复系统的默认设置。而选择"导出到文件"选项可将上述键盘快捷方式导出到文件中，选择"从文件中导入"选项为从文件导入键盘快捷方式。

5. 设置动画选项

选择"系统"→"设置动画选项"命令,即可打开仿真电路设置对话框。

在该对话框中可以设置仿真动画速度及电压/电流的范围,同时还可以设置仿真电路的其他功能。

Show Voltage & Current On Probes 表示是否在探测点显示电压值与电流值。

Show Logic State of Pins 表示是否显示引脚的逻辑状态。

Show Wire Voltage by Colour 表示是否用不同颜色表示导线的电压。

Show Wire Current with Arrows 表示是否用箭头表示导线的电流方向。

此外,单击"SPICE Option"按钮,在弹出的对话框中还可通过选择不同的选项来进一步对仿真器进行设置。

6. 设置仿真器选项

选择"系统"→"设置仿真器"命令,在打开的对话框中可对仿真器选项进行设置,这里不再赘述。

8.2.4　Proteus ISIS 原理图输入

1. 元件查找

从元器件库中选择元器件的方法为:在工具箱中单击"元件"图标 ▷。单击对象选择器中的"P"按钮,弹出"Pick Devices"(元件拾取)对话框。在 Keywords(关键字)文本框中输入一个或多个关键字,或使用元器件类列表和元器件子类列表,过滤掉不希望出现的元器件,同时定位希望出现的元器件。可以通过类别(Category)、子类别(Sub Category)和制造商(Manufacturer)来选择元器件,通过这种方法,可以查找到非常具体的元器件。我们可以通过某几项参数值很方便地查找元器件,只要将知道的值逐一输入到关键字框,用空格分隔,如:7805 30 V 13 A 2.5 W,就能搜寻到相关的元器件。在元件列表区域双击元器件,即可将元器件添加到设计中。在完成元器件的提取后,单击"确定"按钮关闭对话框,并返回 Proteus ISIS。

2. 元器件放置

在工具箱中单击元器件图标。如果用户需要的元器件在对象选择器中未列出,则必须从元器件库中提取。在对象选择器中选中需要的元器件。在 Proteus ISIS 的预览窗口可预览所选中的元器件。在编辑窗口中希望元器件出现的位置双击,即可放置元器件。还可先单击然后对其进行拖动操作。根据需要,使用旋转及镜像按钮确定元器件的方位。

3. 连线

1) 基本电路连线

电路连线采用按格点捕捉和自动连线的形式。所以首先应确定编辑窗口上方的自动连线图标 🔁 为选中状态。Proteus 的连线是非常智能的,它会判断下一步的操作是否想连线从而自动连线,而不需要选择连线的操作,用鼠标左键单击编辑区元件的一个端点拖动到要连接的另外一个元件的端点,先松开左键后再单击鼠标左键,即完成一根连线。如果要删除一根连线,右键双击连线即可,连线完成后,如果再想回到拾取元件状态,可选中左侧工具栏中的元件拾取图标。

2）总线模式工具箱：放置总线

在工具箱中单击总线"Bus"图标 ⊞。在希望总线起始端出现的位置单击鼠标左键。在希望总线路径的拐点处单击鼠标左键。在总线的终点单击鼠标左键，然后单击鼠标右键，可结束总线放置。

4. 标注

1）文本编辑

Proteus ISIS 一个重要的特色就是支持自由格式的文本编辑器（Text Script），其使用方法如下：

（1）定义变量，用于表达式中或作为参数。

（2）定义原始模型及脚本。放置脚本：在工具箱中单击 Text Script 图标，在编辑窗口中单击，弹出"Edit Script Block"对话框。在该对话框中选择 Script 选项卡，如图 8-21 所示。在"文本"区域输入文本，同时选择 Style 选项卡，还可以在此选项卡中调整 Script 的属性。单击"确定"按钮完成操作。编辑脚本：单击要编辑的脚本，选中该脚本，然后单击该脚本打开"Edit Script Block"对话框，或将光标放置在要编辑的脚本上，使用快捷键 Ctrl＋E 打开"Edit Script Block"对话框。根据需要调整脚本属性，可对"Edit Script Block"对话框包含的两个选项卡 Script 和 Style 分别进行编辑。编辑完成后，单击"确定"按钮或按快捷键 Ctrl＋Enter 保存修改。

（3）用于 VSM 仿真。

（4）标注设计。

（5）当某一元器件被分解时，用于保存和封装信息。

2）连线标签模式

在工具箱中单击图标。将鼠标指针指向希望放置标签的总线分支位置，被选中的导线变成虚线，鼠标指针处出现一个"×"，此时单击鼠标左键打开对话框如图 8-22 所示。在该对话框的 Label 选项卡中输入相应的文本，如 AD0。单击"确定"按钮，结束文本的输入。

图 8-21 "Edit Script Block"对话框

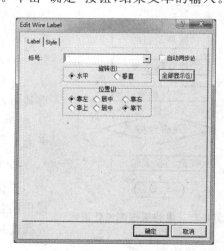

图 8-22 "Edit Wire Label"对话框

在放置相邻的第二个总线标签时，系统不会像 Protel 软件那样自动按顺序标出文本号，而读者只需连续单击"确定"按钮即可。实际情况是我们必须重新输入一次文本，或单击"Edit Wire Label"对话框中"标号"右侧的下拉按钮，当出现 AD0 时，将其修改成 AD1，相对省事些,如图 8-23 所示。

　　像删除元件一样直接双击右键来删除标签是不行的,那样会使它所连接的导线一起被删除。想更改或删除总线标签可以对准总线标签右击,打开其快捷菜单,如图 8-24 所示,其中第一项是编辑总线标签,第二项是删除总线标签。

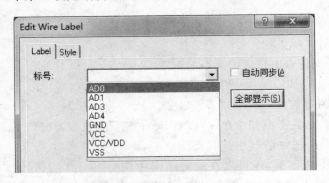

图 8-23　连线标签编辑下拉列表

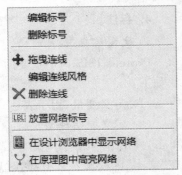

图 8-24　快捷菜单

8.2.5　基于 Proteus 的电路原理图设计方法和步骤

　　电路原理图设计流程如图 8-25 所示。

　　原理图设计步骤如下。

1. 新建设计文档

　　在进入原理图设计之前,首先要构思好原理图,即必须知道所设计的项目需要由哪些电路来完成,用何种模板,然后在 Proteus ISIS 编辑环境中画出电路原理图。

2. 设置工作环境

　　根据实际电路的复杂程度设置图纸的大小等。在电路图设计的整个过程中,图纸的大小可以不断调整。设置合适的图纸大小是完成原理图设计的第一步。

3. 放置元器件

　　首先从添加元器件对话框中选取需要添加的元器件,将其布置到图纸的合适位置,并对元器件的名称标注进行设定,然后根据元器件之间的走线等联系对元器件在工作平面上的位置进行调整和修改,使原理图美观、易懂。

4. 对电路原理图进行布线

　　根据实际电路的需要,利用 Proteus ISIS 编辑环境所提供的各种工具、命令进行布线,将工作平面上的元器件用导线连接起来,构成一张完整的电路原理图。

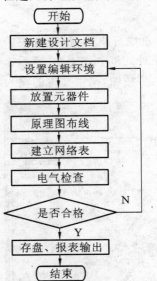

图 8-25　电路原理图设计流程

5. 建立网络表

　　在完成上述步骤之后,即可看到一张完整的电路原理图,但要完成印制电路板的设计,还需要生成一个网络表文件。网络表是印制电路板与电路原理图之间的纽带。

6. 电路原理图的电气规则检查

当完成电路原理图布线后,利用 Proteus ISIS 编辑环境所提供的电气规则检查命令对设计进行检查,并根据系统提示的错误检查报告修改电路原理图。

7. 调整

如果电路原理图已通过电气规则检查,那么电路原理图的设计就完成了,但是对于一般电路设计而言,尤其是较大的项目,通常需要对电路进行多次修改才能通过电气规则检查。

8. 存盘和输出报表

Proteus ISIS 提供了多种报表输出格式,同时可以对设计好的电路原理图和报表进行存盘和输出打印。

8.3 分析及仿真工具

前面介绍了软件的基本操作与原理图编辑,本节将介绍 Proteus VSM 中的电路分析与仿真。用户可以通过在原理图中添加各种电路激励、虚拟仪器、曲线图表及探针,任何时候只要单击运行按钮或空格便可对电路进行仿真分析。

仿真方式有两种:第一种是检验用户所设计的电路是否能正常工作的交互式仿真;第二种是用来研究电路的工作状态及进行细节测量的基于图表的仿真。

8.3.1 激励源

激励源模式下,提供各种各样的激励,用户可以在对象选择器中选择并且进行设置。此类元件属于有源器件,可以在 Active 库中找到。Proteus ISIS 提供的激励源如表 8-1 所示。

表 8-1 激励源种类及作用

图 标	名 称	说 明	作 用
`<TEXT>`	直流信号发生器	直流激励源	产生单一的电流或电压源
`<TEXT>`	幅度、频率、相位可控的正弦波发生器 SINE	正弦波激励源	产生固定频率的连续正弦波
`<TEXT>`	幅度、周期和上升/下降沿时间可控的模拟脉冲发生器 PULSE	模拟脉冲激励源	产生周期输入信号,包括方波、锯齿波、三角波及单周期短脉冲
`<TEXT>`	指数脉冲发生器 EXP	指数脉冲激励源	产生与 RC 充电/放电电路相同的脉冲波
`<TEXT>`	单频率调频波信号发生器 SFFM	单频率调频波激励源	产生单频率调频波
	PWLIN 分段线性脉冲信号发生器 PWLIN	分段线性激励源	产生任意分段线性信号

续表

图 标	名 称	说 明	作 用
	FILE 信号发生器 FILE	FILE 信号激励源	产生来源于 ASCII 文件数据的信号
	音频信号发生器 AUDIO	音频信号激励源	使用 Windows.WAV 文件作为输入文件,结合音频分析图表可以听到电路对音频信号处理后的声音
	单周期数字脉冲发生器 DPULSE	单周期数字脉冲激励源	产生单周期数字脉冲
	数字单边沿信号发生器 DEDGE	数字单边沿信号激励源	产生从高电平跳变到低电平的信号或从低电平跳变到高电平的信号
	数字单稳态逻辑电平发生器 DSTATE	数字单稳态逻辑电平激励源	产生数字单稳态逻辑电平
	数字时钟信号发生器 DCLOCK	数字时钟信号激励源	产生数字时钟信号
	数字模式信号发生器 DPATTERN	数字模式信号激励源	产生任意频率逻辑电平,所具有的功能最灵活、最强大,可产生上述所有数字脉冲

8.3.2 虚拟仪器

Proteus 包含大量的虚拟仪器,如示波器、逻辑分析仪、函数发生器、数字信号图案发生器、时钟计数器、虚拟终端及简单的电压计、电流计,此外还发布了主/从/监视模式的 SPI 和 I2C,规程分析仪,仿真器可以通过色点显示每个管脚的状态,在单步调试代码时非常有用。Proteus ISIS 提供的虚拟仪器详见表 8-2。

表 8-2　Proteus ISIS 提供的虚拟仪器

名 称	图 形	作 用
虚拟示波器 (OSC ILLOS COPE)		显示模拟波形
定时器计数器 (COUNTERTIMER)		定时器/计数器是一件通用的数字仪器,可用于测量时间间隔、信号频率和脉冲数

名　称	图　形	作　用
DC 电压表 （DC VOLTMETER） AC 电压表 （AC VOLTMETER）		电压表包含 DC 电压表、AC 电压表，电压表可以直接连接到电路进行实时测量。仿真时，它们以易读的数字格式显示电压值
逻辑分析仪 （LOGIC ANALYSER）		逻辑分析仪通过将连续记录的输入数字信号存入到大的捕捉缓存器进行工作，具有可调的分辨率，在触发期间，驱动数据捕捉处理暂停，并监测输入数据；仪器的 Arming 信号启动仪器的捕捉动作；触发前后的数据均可显示；支持放大/缩小显示和全局显示
I2C 调试器 （I2C DEBUGGER）		I2C 总线是飞利浦公司推出的芯片间串行传输总线。总线是由数据线和时钟构成的串行总线，可全双工同步发送和接收数据，可以极为方便地构成系统与外围器件扩展系统。按照总线的规范，总线传输中，所有的状态都生成相应的状态码，系统的主机依照状态码自动进行总线管理，用户只需要在程序中装入标准处理模块，根据数据操作，要求完成总线的初始化，启动即可自动完成规定的数据传送操作。由于总线接口集成在片内，用户无须设计接口，使设计时间大为缩短，且从系统中直接移去芯片对总线上的其他芯片没有影响，方便了产品的升级
SPI 调试器 （SPI DEBUGGER）		SPI（serial peripheral interface，串行设备接口）总线系统是由摩托罗拉公司提出的一种高速的全双工同步串行外设接口，允许 MCU 与各种外围设备以同步串行通信方式交换信息。SPI 调试器监测 SPI 接口，也同时允许用户与 SPI 接口交互信息，即允许用户与 SPI 接口交互信息，即允许用户查看沿 SPI 总线发送的数据或向总线发送数据
DC 电流表 （DC AMMETER） AC 电流表 （AC AMMETER）		电流表包含 DC 电流表、AC 电流表。电流表可以直接连接到电路进行实时测量。仿真时，它们以易读的数字格式显示电流值
模式发生器 （PATTERN GENERATOR）		模式发生器是模拟信号发生器的数字等价物，支持 8 位 1 KB 的模式信号；支持内部或外部时钟模式或触发模式；使用游标调整是时钟刻度盘或触发器刻度盘；十六进制或十进制栅格显示模式；当需要高精度设计时可以直接输入指定值；可加载或保存模式脚本文件

名　　称	图　形	作　用
信号发生器 （SIGNAL GENERTAOR）		信号发生器模拟了一个简单的音频函数发生器，可以输出方波、三角波、锯齿波和正弦波；分为八个波段，提供频率范围为 0～12 MHz 的信号；分四个波段，提供幅度范围为 0～12 V 的信号，具备调幅输入和调频输入功能
虚拟终端 （VIRTUAL TERMINAL）		虚拟终端允许用户通过 PC 的键盘，经由 RS232 异步发送数据到仿真的微处理系统，同时也可通过 PC 的屏幕，经由 RS232 异步接收来自仿真的微处理系统的数据。此功能可以使用户在调试中观察程序中发出的调试信息/曲线信息

8.3.3　探针

探针用于记录所连接网络的状态。Proteus ISIS 提供了 Voltage probe ⚡（电压探针）和 Current probe ⚡（电流探针）两种探针。单击工具栏中的模式按钮便可以进入探针模式。

电压探针：电压探针既可以在模拟仿真中使用，也可以在数字仿真中使用。在模拟电路中记录真实的电压值，而在数字电路中，记录逻辑电平及其强度。

电流探针：既可以在模拟电路中使用，也可以显示电流方向。

探针既可以用于交互式仿真，也可以用于基于图表的仿真。

8.3.4　图表

Proteus 的虚拟仪器为用户提供了交互动态仿真功能，但这些仪器的仿真结果和状态会随着仿真的结束而结束，不能满足打印及长时间的分析要求。所以，Proteus ISIS 还提供了一种静态的图表仿真功能，无须运行仿真，随着电路参数的修改，电路中的各点波形将重新生成，并以图表的形式留在电路中，供以后分析和打印。更为重要的是，图表分析能够在仿真过程中放大一些需要特别观察的部分，进行一些细节上的分析。此外，图表分析也是唯一能够显示在实时中难以做出分析的方法，例如，交流小信号分析、噪声分析及参数扫描等。

图表仿真设计了一系列按钮和菜单的选择，主要目的是把电路中某点对地的电压或某条支路的电流相对时间轴的波形自动绘制出来。

图表仿真功能的实现包含以下步骤：①在电路中的被测点添加电压探针，或者在被测支路添加电流探针。②选择放置波形的类别，并在原理图中拖出用于生成仿真波形的图表框。③在图表框中添加探针。④设置图表属性。⑤单击图表仿真按钮生成所加探针对应的波形。⑥存盘并打印输出。

下面具体介绍。

1. 设置探针

绘制好一张完整的电路图,如图 8-26 所示。现在我们希望在图中绘制电阻 R1 左端和 741 输出 6 端的电压波形。

首先需要在这两个点放置两个电压探针,在 Proteus ISIS 左侧的工具箱中单击电压探针的图标✍,在图 8-26 中的相应位置双击两次,放置两个电压探针,把电压探针与被测电压点连接在一起。然后为两个电压探针命名,双击 R1 的电压探针,打开如图 8-27 所示的对话框。把探针命名为 INPUT,单击"确定"按钮关闭对话框。另一个探针命名为 OUTPUT。

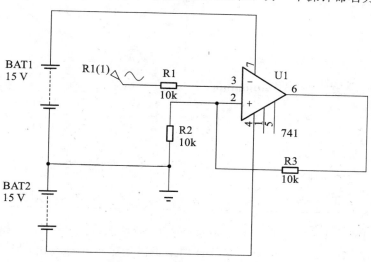

图 8-26　图表仿真电路举例

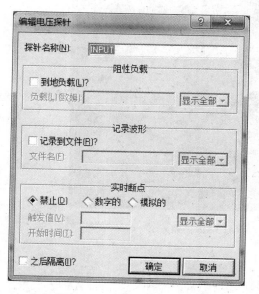

图 8-27　"编辑电压探针"对话框

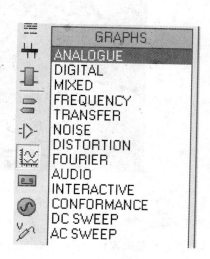

图 8-28　仿真波形类别

2. 设置波形类别

在 Proteus ISIS 左侧的工具箱中单击图形模式(Graph Mode)的图标,在对象选择区列出了所有的波形类别,如图 8-28 所示,其含义如表 8-3 所示。

表 8-3　仿真波形类别含义

波形类别名称	含　义
ANALOGUE	模拟波形
DIGITAL	数字波形
MIXED	模数混合波形
FREQUENCY	频率响应
TRANSFER	转移特性分析
NOISE	噪声波形
DISTORTION	失真分析
FOURIER	傅里叶分析
AUDIO	音频分析
INTERACTIVE	交互分析
CONFORMANCE	一致性分析
DC SWEEP	直流扫描
AC SWEEP	交流扫描

在本例中,INPUT 和 OUTPUT 都是模拟波形,故选定 ANALOGUE 模拟波形,用鼠标单击图 8-28 中的 ANALOGUE,然后在原理图编辑区用鼠标左键拖出一个方框,如图 8-29 所示。

图 8-29　ANALOGUE ANALYSIS 图表框

3. 添加探针

接下来在图表框中添加两个电压探针。选择"绘图"→"添加图线"命令,打开如图 8-30 所示的"Add Transient Trace"对话框。在对话框中"轨迹类型"栏选择"模拟",单击探针 P1 的下拉箭头,出现如图 8-30 所示的所有探针名称,选中 INPUT,则该探针自动添加到"名称"栏中。接下来按照同样的方法添加探针 OUTPUT。添加完后,ANALOGUE ANALYSIS 多出了刚添加的两个探针名称,如图 8-31 所示。

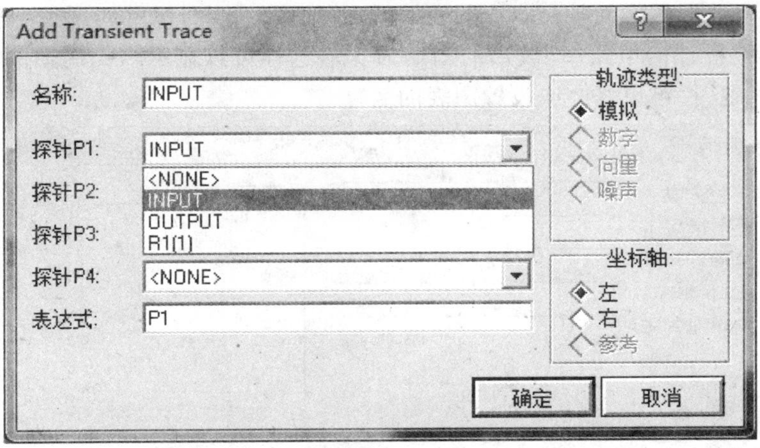

图 8-30 "Add Transient Trace"对话框

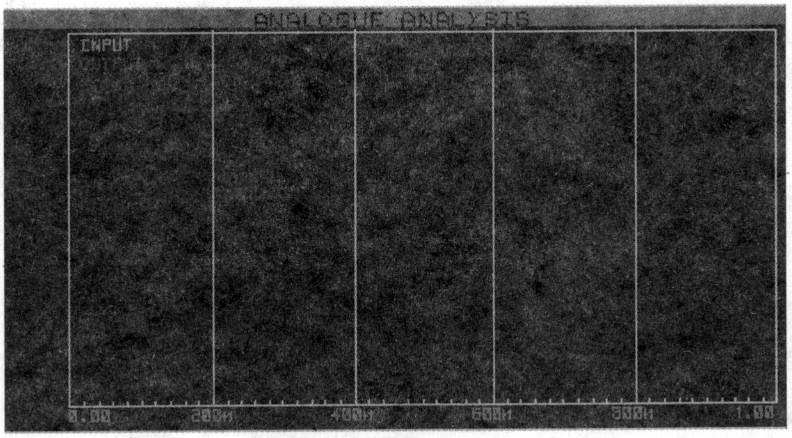

图 8-31 添加探针后的图表框

4. 设置图表属性

按空格键或选择"绘图"→"仿真图表"命令,生成波形,如图 8-32 所示。可以看到,输出信号与输入信号为同相位、同频率信号,但图形只是一个周期的波形。这是因为图表框的时间轴太短,默认为 1 s。

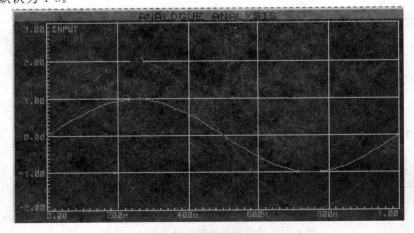

图 8-32 生成的一个周期波形

接下来修改波形的时间轴。双击图表框，打开如图 8-33 所示的对话框，把 Stop time 改为 6 s，因为我们设计的电路中，波形的周期为 1 s，这样可以显示六个周期的波形。同时在图中的"图表标题"栏可以修改或设置图表的名称。

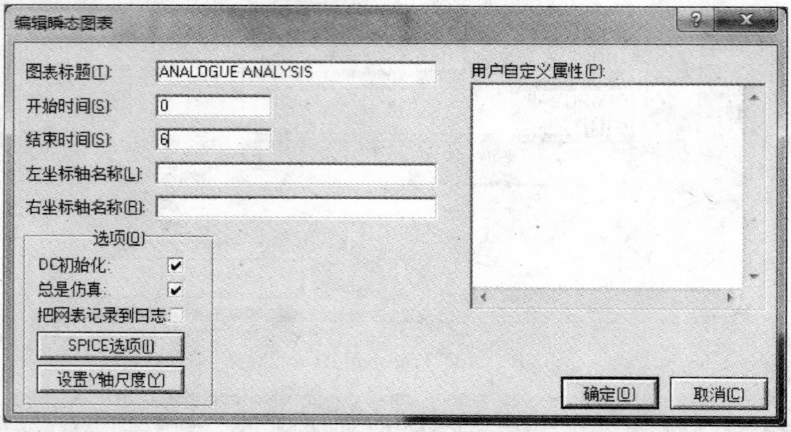

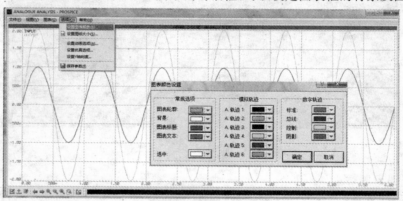

图 8-33 "编辑瞬态图表"对话框

将鼠标指向图表框名称 ANALOGUE ANALYSIS，在绿色区域双击，或者在图表框任意区域右击选择"最大化"，会出现如图 8-34 所示的对话框，可以设定图表框的背景及图形颜色等。

图 8-34 图表框属性设置

在波形中输入信号的峰值点附近单击鼠标左键，将出现测量指针，指针测量点如图 8-35 所示。从图 8-35 中的测量结果可知，输入信号在 250 ms 处的电压值为 996 mV。

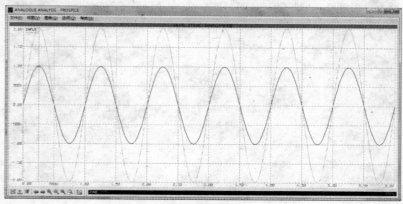

图 8-35 模拟图表测量指针测量输入信号

8.4 电子技术综合设计与仿真示例

8.4.1 加法运算电路

加法运算电路如图 8-36 所示,是将运算放大器的输入端连接两个或更多个输入信号,输出信号则是若干个输入信号之和。加法运算电路可以同相输入或反相输入,但是反相输入的比较容易设计。若输出不需要反相,则可以在反相输出后接一个反相器。

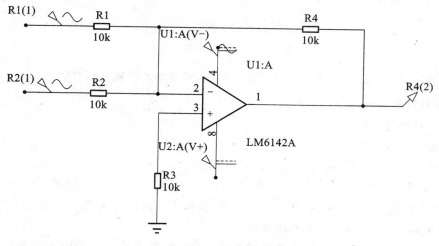

图 8-36 加法运算电路

在理想条件下,根据"虚断",有

$$I_1 + I_2 = \frac{U_{VIN1}}{R_1} + \frac{U_{VIN2}}{R_2} = -\frac{U_0}{R_3}$$

整理后得出

$$U_0 = -\left(\frac{R_3}{R_1}U_{VIN1} + \frac{R_3}{R_2}U_{VIN2}\right)$$

如果 $R_1 = R_2$,则有

$$U_0 = -\frac{R_3}{R_1}(U_{VIN1} + U_{VIN2})$$

按照上述的原则,输入端可以扩展到多个。

图 8-36 中,在 Proteus 中选择的运放是 LM6142 运算放大器,$R_1 = R_2 = R_3 = R_4 = 10 \text{ k}\Omega$;$U_{VIN1}$ 是 SINE 型的激励源,幅值为 1 V,频率为 1 kHz;U_{VIN2} 是 SINE 型的激励源,幅值为 2 V,频率为 1 kHz;运放的电源电压为 +12 V 和 -12 V,得出的 VIN 与 VOUT 关系如图 8-37 所示,与理论值 $U_0 = -\frac{R_3}{R_1}(U_{VIN1} + U_{VIN2}) = -3U_{VIN1}$ 是一致的。

8.4.2 基于单片机控制的数字时钟

1. 设计要求与目的

(1) 利用单片机、数码管、数码管驱动芯片、按键、蜂鸣器等实现时间显示和定时闹钟。
(2) 通过时钟的设计掌握 Proteus 仿真设计流程。

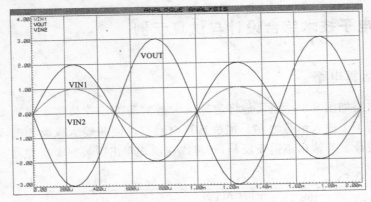

图 8-37　VIN 与 VOUT 关系

（3）通过时钟的设计熟悉单片机的基本功能，能对单片机功能有总体的了解。

2. 设计任务

（1）设计系统硬件。

（2）设计系统软件。

（3）进行 Proteus 仿真。

3. 系统电路设计与实现

数字时钟主控芯片选用 AT89C51 单片机，电路大体可以分为三个部分：数码管与 4511 驱动显示电路、按键电路和蜂鸣器闹钟电路。

（1）数码管与 4511 驱动显示电路如图 8-38 所示，数码管选用四个七段数码管 7SEG-MPX1-CC，由一片 4511 来驱动，用四个单片机 I/O 口控制 4511 输入端的编码。另外四个 I/O 口通过三极管与数码管的 cp 端，及片选端连接，来控制 4511 驱动其中一位数码管的显示，实际上四位时间数字是循环显示的，只是显示的速度相当快，人眼分辨不出来，所以就不会产生闪烁现象。

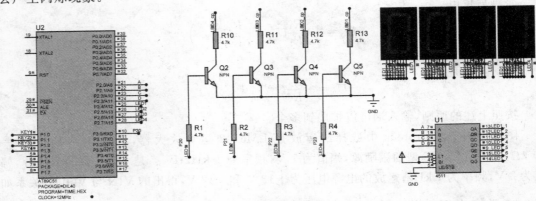

图 8-38　数码管与 4511 驱动显示电路

（2）按键电路，如图 8-39 所示。按键用来设置时钟以及闹钟时间。按键按下时，输出给单片机的电平由高变低，经过去抖动程序识别按键是否按下。四个按键分别为"显示模式切换""调整的时间位切换""加功能键""减功能键"。

（3）蜂鸣器闹钟电路，如图 8-40 所示。蜂鸣器通过三极管、1 k 电阻与单片机 I/O 口相连，三极管起到电流放大作用。单片机送出一组断续的电脉冲信号，用于实现蜂鸣器的通断

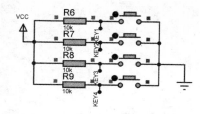

图 8-39　按键电路

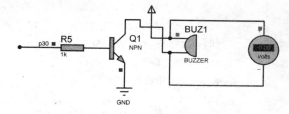

图 8-40　蜂鸣器闹钟电路

状态,而使蜂鸣器发出"嘀嘀——"的声音。

4. 系统软件实现

```c
#include<reg51.h>
#define uchar unsigned char
#define ON 1
#define OFF 0
sbit buzz=P3^0;
sbit key1=P1^0;
sbit key2=P1^1;
sbit key3=P1^2;
sbit key4=P1^3;
//数码管八段码,H是高位,A是低位
Uchar code display_code[]
={0xf0,0xf1,0xf2,0xf3,0xf4,0xf5,0xf6,0xf7,0xf8,0xf9};
//四个数码管公共端的编码
uchar code display_sel[]={0x7f,0xbf,0xdf,0xef};
uchar display_bit[4];
char time_hour,time_min,time_sec; //当前时间变量
char alarm_hour,alarm_min,alarm_sec; //闹钟时间变量
uchar mode= 1;//模式显示默认为1
uchar station;
uchar disp_bit,time_flash,disp_flash;
uchar time_count;
bit int_time_on,alarm_time_on; //整点报时与闹钟变量
/*--2ms软件延时,用于去抖动 --*/
void delay2ms(void)
{
    uchar i;
    for(i=0;i<240;i++);
}
/*--初始化程序 --*/
void initial()
{
  EA=1;//CPU开中断
  ET0=1;//开启定时中断 0
  ET1=1;//开启定时中断 1
  TMOD=0x11;//工作方式 1
```

```
    TH0= (65536-50000)/256;//计数器赋初值
    TL0= (65536-50000)% 256;
    TH1= (65536-5000)/256;
    TL1= (65536-5000)% 256;
    TR0= 1;//开始计时
    TR1= 1;
    buzz= OFF;//关闭闹铃
}
/*--键盘扫描模块 --*/
void key_block()
{
/*--显示模式切换 --*/
  if(! key1)
  {
    delay2ms();//调用延时程序,实现去抖动功能
    if(! key1)
    {
      mode++;
      if(mode==3)
      mode=1;
      while(! key1);
    }
  }
/*--调整的时间位切换 --*/
  if(! key2)
  {
    delay2ms();
    if(! key2)
    {
      station++;
      if(station!=0 && mode==1)
      TR0=0;//在调整当前时间的过程中停止计时
      if(station==3)
      {
        station=0;
        TR0=1;//调整时间结束后,重新开始计时
      }
    while(! key2);
    }
  }
/*--加功能键识别 --*/
  if(! key3)
  {
    delay2ms();
    if(! key3)
```

```
    {
      if(mode==1) //设置当前时间
      {
        switch(station)
        {
          case 1:
            time_sec++; //设置秒钟位
            if(time_sec==60)
            time_sec=0;
            break;
          case 2:
            time_min++; //设置分钟位
            if(time_min==60)
            time_min=0;
            break;
          default: break;
        }
      }
      else if(mode==2) //设置闹钟时间
      {
        switch (station)
        {
        case 1:
          alarm_sec++; //设置秒钟位
          if(alarm_sec==60)
          alarm_sec=0;
          break;
        case 2:
          alarm_min++; //设置分钟位
          if(alarm_min==60)
          alarm_min=0;
          break;
        default:break;
        }
      }
      while(! key3);
    }
  }
/*--减功能键识到--*/
  if(! key4)
  {
   delay2ms();
   if(! key4)
   {
     if(mode==1) //设置当前时间
```

```
        {
           switch (station)
           {
             case 1:
               time_sec-- ;  //设置秒钟位
               if(time_sec<0)
               time_sec=59;
               break;
             case 2:
               time_min-- ;  //设置分钟位
               if(time_min< 0)
               time_min=59 ;
               break;
           default: break;
           }
        }
        else if(mode==2) //设置闹钟时间
        {
        switch(station)
        {
          case 1: alarm_sec- - ;//设置秒钟位
            if (alarm_sec< 0)
            alarm_sec=59;
            break;
          case 2: alarm_min- - ; //设置分钟位
            if(alarm_min< 0)
            alarm_min=59;
            break;
          default: break;
        }
        }
    while(! key4);
       }
     }
}
/*--显示部分--*/
void display(uchar min,uchar sec)
{
  display_bit[0]=min/10;
  display_bit[1]=min%10;
  display_bit[2]=sec/10;
  display_bit[3]=sec%10;
}
void time_disp() interrupt 3 using 1//5ms 中断一次
  {
```

```
   TH1=(65536- 5000)/256;
   TL1=(65536- 5000)% 256;
   time_flash++;
   if(time_flash==100) //0.5s 的定时
   {
     time_flash=0;
     disp_flash++;
     if(disp_flash==2)
     disp_flash=0;
   }
   if(station) //当处于调整时间状态时,相应位以 1s 为周期闪烁显示
   {
     if(!disp_flash) //0.5s 标志判断

P2=display_sel[disp_bit]&display_code[display_bit[disp_bit]];
     else
     P2=0xff;//屏蔽相应位,实现闪烁显示
   }
   else

P2=display_sel[disp_bit]&display_code[display_bit[disp_bit]];
   disp_bit++; //用于循环读取八段码及位选码,刷新数码管显示的数据
   if(disp_bit==4) //共四位数码管显示
   disp_bit=0;
}
/*--定时模块--*/
void time0()interrupt 1 using 0
{
   TH0=(65536- 50000)/256;
   TL0=(65536- 50000)% 256;
   time_count++;
   if(time_count==20)//1s 时间到
   {
     time_count=0;
     time_sec++;//秒加 1
     if(time_sec==60) //1min 时间到
     {
       time_sec=0;
       time_min++;//分钟加 1
       if(time_min==60) //1h 时间到
       {
         time_min=0;
         int_time_on=1; //整点报时标志置位
         time_hour++; //小时加 1
         if(time_hour==24)
```

```
            time_hour=0;
        }
    }
}
}
/*--整点报时及闹钟模块--*/
void time_report()
{
/*--闹铃鸣叫的次数与小时相等 --*/
  if(time_sec>time_hour)
  int_time_on=0;
/*--当设置的闹钟时间与当前时间相等时,启动闹铃,闹铃鸣叫 1min--*/
  if((alarm_min==time_min)&&(alarm_sec==time_sec))
  alarm_time_on=1;
  if(time_sec- alarm_sec==5)
  {alarm_time_on=0;
  buzz=OFF;}
/*--闹铃鸣叫--*/
  if(int_time_on||alarm_time_on)
  {
    if(!disp_flash) //0.5s 判断
    buzz=ON; //闹铃鸣叫
    else
    buzz=OFF;
  }
}
void main()
{
  initial();//初始化
  while(1)
  {
    key_block();//调用键盘扫描子程序
    switch (mode) //显示输出
    {
      case 1:
          display(time_min,time_sec); //当前时间显示
          break;
      case 2:
          display(alarm_min,alarm_sec);
          break;//闹铃时间显示
      default:break;
    }
    time_report() ; //调用整点报时和闹钟子程序
  }
}
```

习　题

1. 熟悉 Proteus 的软件环境。
2. 基于 Proteus 的产品设计流程具体是什么？
3. 绘制 Proteus ISIS 原理图时,怎样进行元件查找？
4. 如何向图形编辑窗口添加正弦波激励源？
5. 如何向图形编辑窗口添加单片机 AT89C51？
6. 设计四位动态数码管显示电路,并编程进行测试。

参 考 文 献

[1] 付家才. EDA 原理与应用[M]. 2 版. 北京:化学工业出版社,2006.

[2] 李洋. EDA 技术实用教程[M]. 2 版. 北京:机械工业出版社,2009.

[3] 从宏寿,李绍铭. 电子设计自动化——Multisim 在电子电路与单片机中的应用[M]. 北京:清华大学出版社,2008.

[4] 艾明晶. EDA 设计实验教程[M]. 北京:清华大学出版社,2014.

[5] 王廷才,赵德申. 电工电子技术 EDA 仿真实验[M]. 北京:机械工业出版社,2009.

[6] 包明. EDA 技术与可编程器件的应用[M]. 北京:北京航空航天大学出版社,2007.

[7] 朱晓红. 电子设计自动化(EDA)[M]. 西安:西安电子科技大学出版社,2011.

[8] 潘松,黄继业. EDA 技术与 VHDL[M]. 4 版. 北京:清华大学出版社,2013.

[9] 赵景波,王臣业. Protel 99 SE 电路设计基础与工程范例[M]. 北京:清华大学出版社,2008.

[10] 杜树春. 基于 Proteus 的模拟电路分析与仿真[M]. 北京:电子工业出版社,2013.

[11] 刘贵栋,张玉军. 电工电子技术 Multisim 仿真实践[M]. 哈尔滨:哈尔滨工业大学出版社,2013.

[12] 苗丽华. VHDL 数字电路设计教程[M]. 北京:人民邮电出版社,2012.

[13] 邓奕. 电子线路 CAD 实用教程[M]. 武汉:华中科技大学出版社,2013.

[14] 王传新. FPGA 设计基础[M]. 北京:高等教育出版社,2007.

[15] 周润景. PROTEUS 入门实用教程[M]. 2 版. 北京:机械工业出版社,2011.

[16] 周丽娜. Protel 99 SE 电路设计技术(基础・案例篇)[M]. 北京:中国铁道出版社,2009.

[17] 杨军,蔡光卉,黄倩,等. 基于 FPGA 的数字系统设计与实践[M]. 北京:电子工业出版社,2014.

[18] 李俊. EDA 技术与 VHDL 编程[M]. 北京:电子工业出版社,2012.